LP 229

Florianne Koechlin, geboren 1948, ist Biologin und Autorin; sie wurde bekannt als Gentechnikkritikerin und Verfasserin verschiedener Bücher und zahlreicher Artikel. Sie befasst sich mit neuen Erkenntnissen zu Pflanzen und anderen Lebewesen (insbesondere Pflanzenkommunikation und Beziehungsnetze) und mit zukunftsfähigen Konzepten in der Landwirtschaft. Ausserdem ist sie Geschäftsführerin des Blauen-Instituts (blauen-institut.ch) und in der Malerei tätig (floriannekoechlin.ch).

FLORIANNE KOECHLIN

VON BÖDEN DIE KLINGEN UND PFLANZEN DIE TANZEN

Neue Streifzüge durch wissenschaftliches Unterholz

Lenos Verlag

Mein ganz spezieller Dank geht an Samanta Siegfried. Die Journalistin hat mich während der ganzen Zeit eng begleitet, alle Texte redigiert und zwei Kapitel geschrieben: »Wie Engadinerschafe die Biodiversität zurückbringen« (Kapitel VII) und »Die weltweit grösste Umstellung auf Biolandwirtschaft – made in India« (Kapitel XII).

LP 229
Erste Auflage 2022

Satz und Gestaltung: Lenos Verlag, Basel
Umschlag: Thomas Dinner, Basel
Umschlagbild: Florianne Koechlin
Printed in Germany
ISBN 978 3 85787 829 9
www.lenos.ch

VON BÖDEN DIE KLINGEN
UND PFLANZEN DIE TANZEN

INHALT

DIE TIERE

DER BODEN

WORUM ES HIER GEHT

In Indien spielt sich gerade Unglaubliches ab: Andhra Pradesh, ein Staat grösser als die Schweiz, Österreich und Belgien zusammen, will bis 2027 ganz auf Pestizide verzichten. Dabei setzt er auf Vielfalt, fruchtbare Böden, einheimische Kühe und engagierte Dorfgemeinschaften. Eine Revolution von unten und von oben. Unvergesslich sind mir die vielen selbstbewussten und stolzen Bäuerinnen und Bauern, die sich dank Natürlicher Landwirtschaft aus der Armutsfalle befreien konnten und denen ich auf meiner Reise im Februar 2020 begegnete.

Später fand ich Forscherinnen und Forscher, die aufzeigten, dass Nesselgewächse lernen, wann die Biene kommt, und solche, die herausfanden, dass Nachtkerzen das Summen von Bienen hören, ja, wirklich: hören. Und es erstaunt mich immer von neuem, wie unendlich differenziert Blüten mit ihren Bestäubern kommunizieren, wie Pflanzen sich vernetzen, wie sie kooperieren und sich konkurrenzieren. Wie auch Tiere und Pflanzen, ja alle Lebewesen intime Partnerschaften bilden. Im bergigen Urserental fanden wir Engadinerschafe, die wieder artenreiche Alpweiden erschufen, und am Forschungsinstitut FiBL in Frick Kühe, die wissen, welche Kräuter ihnen guttun. Immer und immer wieder stand die Artenvielfalt im Zentrum, auch unter dem Boden.

Das konnte ich hören, im Gestrüpp meines kleinen Gartens, unter meinen Füssen, tausendmal verstärkt: Es waren Fress-, Kau-, Beiss-, Knack-, Kriech- und Springgeräusche unendlich vieler kleiner Bodentiere. Auch Rufe und Antworten aus verschiedenen Richtungen, so schien es mir jedenfalls. Es war ein fast unheimliches, ganz und gar fremdes Orchester, was sich da unter dem Gestrüpp abspielte. Unter den Tomaten nebenan hingegen war es ziemlich still. Erste Versuche zeigen: Je mehr Vielfalt, desto reichhaltiger tönt es im Boden. Können Bodengeräusche ein Indiz dafür sein, wie gesund ein Boden ist?

Hans Herren, der für seine bahnbrechende Forschung zur Bekämpfung von Hunger und Armut den Welternährungspreis und den Alternativen Nobelpreis erhielt, sagte zu mir: »Heute wissen wir, wie es geht. Eine Natürliche Landwirtschaft (oder Agrarökologie), die auf Vielfalt, gesunde Böden und auf soziale Netze setzt, kann die Welt ernähren.« Ohne synthetische Pestizide, Dünger, ohne Agrogentechnik und ohne neue Abhängigkeiten. Nicht nur in Indien, auch in Afrika und auch bei uns in Europa. Denn weiter wie bisher ist keine Option.

DIE PFLANZEN

I. DIE APFELBLÜTE UND DIE BIENE

Wie Blütenpflanzen mit ihren Bestäubern kommunizieren – und sie manchmal auch manipulieren

Ein blühender Apfelbaum – welch ein Erlebnis. Die weissen und rosa Blüten schweben im blauen Himmel. Ein herrlicher Geruch nach Frühling, Sonne und Kindheit. Aus dem Baum tönt ein lautes Summen, er vibriert von Bienen, die eifrig Nektar und Pollen sammeln. Auch Hummeln und Wildbienen sind unterwegs.

Wir alle haben in der Schule gelernt: Bienen fliegen von Apfelblüte zu Apfelblüte und holen sich mit ihrem Saugrüssel süssen Nektar aus den Kelchen. Dabei bleiben Pollen der Staubblätter an ihren Beinen hängen. Mit diesen fliegen sie weiter zur nächsten Blüte und bestäuben sie: Männlicher Pollen gelangt zur weiblichen Narbe und befruchtet die dort versteckte Eizelle – die Fortpflanzung ist gesichert.[1,2]

Die Beziehung zwischen Biene und Apfelblüte ist ein klassisches Beispiel einer Koevolution: Von dem Tauschhandel profitieren beide Seiten, und beide bringen etwas ein. Es ist ein Zusammenspiel, ein gegenseitiges Geben und Nehmen: Nahrung für die Biene gegen Pollen-Transportdienste für den Apfelbaum. Blüten und ihre Bestäuber sind dabei direkt aufeinander angewiesen.

Doch für diesen Tauschhandel gehen Pflanzen grosse Risiken ein. Die Produktion von Duftstoffen und Nektar ist eine sehr teure Angelegenheit, die sie viel Energie und Ressourcen kostet. Überdies sind Insekten oft unzuverlässig; manchmal kommen sie, manchmal fliegen sie weiter. Eine Pflanze muss ihre Bestäuber aber an sich binden, um zuverlässig befruchtet zu werden, sonst ist ihre Fortpflanzung gefährdet. Wie also locken Apfelblüten die Bienen von weit her zu sich? Und woher wissen Bienen, welche Blüten viel Nektar versprechen und welche schon besucht wurden und daher fast leer sind? Dafür haben Pflanzen viele, teils erstaunliche Strategien entwickelt.

Blütenfarbe und -form spielen eine Rolle[3] und natürlich der unvergleichliche fruchtige Duft einer Apfelblüte. Unser Apfelbaum wirbt mit einem Duftbouquet, das aus mehr als siebzig Duftkomponenten besteht; es ist eine unverkennbare Duftbotschaft an seine Bestäuber. Sie verbreitet sich über grosse Distanzen und vermittelt ihnen Informationen über seinen Standort, aber auch über seine Identität. Denn eine Blüte kann ihre Duftbouquets dynamisch verändern und ihre Parfums sowohl in der Zusammensetzung wie auch in der Dosis variieren. So lockt ein in Australien vorkommender Palmfarn *(Macrozamia lucida)* seinen Bestäuber, ein kleines Insekt *(Cycadothrips chadwicki)* aus der Ordnung der Fransenflügler, mit einer speziellen Duftstoffnote zu sich. Sind die Blüten erst bestäubt, produziert die Pflanze einen etwas anderen Duftstoff, mit dem sie die Fransenflügler wieder vertreibt. Sie sollen weiterziehen und mit ihren aufgelesenen Pollen weibliche Zapfen befruchten.[4] Das kennt man auch von anderen Pflanzen.[5] Manche Gewächse variieren ihre Blütenparfums im Tagesrhythmus oder ändern sie nach einer Bestäubung oder als Antwort auf einen Fressfeind. Junge Blütenpflanzen riechen oft anders als ältere. Der Blütenduft verrät auch, wie eine Pflanze lebt: Pionierpflanzen in einer vielfältigen pflanzlichen Nachbarschaft riechen anders als die gleichen Pflanzen in homogener Umgebung.[6]

Blüte und Pollentransporteure müssen einander verstehen, sich erkennbar machen und gegenseitig erkennen, ihr Verhalten koordinieren. Und das in einer Umgebung, die bereits voller Gerüche ist, inmitten einer riesigen Duftwolke also, vergleichbar mit einer lauten Cocktailparty. In diesem »Duftlärm« müssen sich die Blüten ihren Bestäubern von weitem zu erkennen geben und sie zuverlässig und gezielt zu sich heranlocken.[7] Keine leichte Aufgabe.

Natürlich sind nicht alle Besucher willkommen. Räuber können den Blüten Nektar oder Pollen stehlen, ohne sie zu bestäuben. So hatte schon Charles Darwin (1809–1882) festgestellt, dass Hummeln gern den Nektar von Löwenmäulchen oder Salbei fressen und dabei keinen Pollendienst übernehmen – ein regelrechter Diebstahl. Andere Insekten beissen Löcher in den Blütengrund, um Nektar zu stehlen; sie beschädigen die Blüten oder verstopfen die Narben mit fremden Pollen. Wenn zu viel Pollen oder Nektar gefressen wird, bleibt nichts mehr übrig für nachfolgende Besucher, die den Akt des Pollentransports übernehmen müssten. Für die Blütenpflanze gilt, Diebe und Betrüger so gut wie möglich abzuwehren, denn das kostet sie viel Energie. Auch die zahlreichen Mikroben in der Blüte und im Nektar müssen am Wachstum gehindert werden.

Pflanzen müssen also *gleichzeitig* viele verschiedene Anforderungen erfüllen: Sie müssen Pollentransporteure anlocken, sich gegen Schädlinge wehren oder Mikroben in Schach halten und auf Stress durch UV-Licht, Ozon oder Dürre adäquat reagieren.[8]

Eine Hilfe sind dabei die Blütendüfte selbst. Diese sind hyperdivers und multifunktional, sie erfüllen verschiedene Funktionen gleichzeitig. Ein Blütenduft ist ein hochkomplexes Gemisch von manchmal mehr als hundert unterschiedlichen flüchtigen Molekülen. Der Duft einer Phloxblüte zum Beispiel enthält flüchtige Moleküle, die Bienen anziehen (z. B. Benzaldehyde, Phenylacetaldehyde oder Linalool); solche, die Hummeln oder Fransenflügler anlocken (z. B. Eugenol); solche, die Ameisen (z. B. Eugenol, Methyleugenol), Nachtfalter (Ocimene) oder auch Fliegen (Linalool) vertreiben, oder solche, die das Wachstum von Bakterien verhindern (z. B. Phenylacetonitril). Alles in einem einzigen Duftbouquet.[9]

Und unser Apfelbaum kommuniziert nicht nur mit Blütendüften, um sich mit seinen Bestäubern zu einigen oder Nektarräuber zu vertreiben. Auch die Blätter produzieren Duftmoleküle, zum Beispiel um Nützlinge anzulocken. Wird der Baum von gefrässigen Raupen des Kleinen Frostspanners (*Operophthera brumata* L.) heimgesucht, lockt er mit einem Duftstoffcocktail Kohlmeisen an. Diese riechen das SOS-Signal des befallenen Apfelbaums und finden so gezielt zu einer reichhaltigen Raupenbeute. Wenn der Apfelbaum hingegen von Obstbaumspinnmilben (*Panonychus ulmi* Koch) angegriffen wird, sendet er ein etwas anderes Duftstoffgemisch aus, mit dem er Raubmilben (*Amblyseius andersoni* Chant) – natürliche Feinde der Spinnmilben – anzieht. Diese fressen die Spinnen. Doch wie merkt unser Apfelbaum, wer gerade an ihm frisst? Am Speichel des Frassfeindes, der durch die Bisslöcher ins Blattinnere tröpfelt. Der Baum kann den Speichel identifizieren und produziert Duftstoffe, die den geeigneten Bodyguard herbeilocken.[10]

Um wirklich zu kommunizieren, senden Pflanzen, so auch unser Apfelbaum, nicht nur Duftstoffe aus, sondern können diese auch wahrnehmen, also »riechen« und darauf reagieren. Wie aber riecht ein Apfelbaum? Er hat ja keine Nase. Das wäre auch sinnlos und viel zu gefährlich, denn würde jemand den Ast mit der Nase abbrechen, wäre der Baum verloren. Er riecht als Ganzes; Geruchssinneszellen (sog. Rezeptoren) sind über Blatt, Blüte und Stängel verteilt. Diese nehmen die Düfte wahr und leiten sie weiter. Sie werden anschliessend verarbeitet, und es wird eine Antwort darauf generiert.

Doch vieles wissen wir noch nicht.[11] Wie eine Pflanze mit Bestäubern, Tieren, Mikroben und anderen Pflanzen kommuniziert, wie sie gleichzeitig auf verschiedene Stressfaktoren antwortet und Bedrohungen abzuwehren versucht, wie sie die vielen Herausforderungen integriert und priorisiert, ist noch immer sehr wenig erforscht. Ein Grund dafür ist, dass sich Studien bisher vor allem auf einen einzigen Duftstoff und einen einzigen Bestäuber beschränkt haben und die Erforschung multipler, gleichzeitiger Interaktionen in den Kinderschuhen steckt.[12]

Neben den Blütendüften spielt auch der Nektar eine wichtige Rolle, um das Verhalten der Bestäuber zu beeinflussen. Manche Pflanzen können die Menge an produziertem Nektar kontrollieren und gezielt verändern.

Ein frappantes Beispiel hierfür hat ein Team um Marine Veits von der Universität Tel Aviv 2019[13] veröffentlicht: Nachtkerzen *(Oenothera drummondii),* die tagsüber von Bienen und nachts von Falkenmotten bestäubt werden, hören das Summen ihrer Bestäuber und erhöhen innerhalb weniger Minuten den Zuckergehalt ihres Nektars. Die Forscher und Wissenschaftlerinnen nahmen Summgeräusche von Bienen und Falkenmotten auf Tonband auf und spielten Aufnahmen mit gleichen und mit anderen Frequenzen 650 Nachtkerzenpflanzen vor. Das Ergebnis: Die Nachtkerzen steigerten die Zuckerkonzentration im Nektar innerhalb von nur drei Minuten(!) um 20 Prozent. Auf die Summgeräusche anderer Insekten (mit anderen Frequenzen) reagierten die Nachtkerzenblüten hingegen nicht. Nachtkerzen hören also das Summgeräusch von Bienen und Falkenmotten, interpretieren es richtig und produzieren sehr schnell mehr Belohnung für ihre Pollentransporteure.[14]

Eine Pflanze kann nicht nur die Menge ihres Nektars, sondern auch dessen Chemie variieren. Nektar ist mehr als bloss eine zuckrige Belohnung für die Pollentransporteure. Neben Zuckerverbindungen und Aminosäuren enthält Nektar meist verschiedenste andere chemische Inhaltsstoffe,[15] mit denen Pflanzen das Verhalten ihrer Bestäuber manipulieren.[16]

Von Bienen und Insekten kennt man das schon lange: Sie können sich an vergangene Erfahrungen erinnern und daraus lernen. Das hatte Karl von Frisch (1886–1982), der Entdecker des Bienentanzes, bereits 1919 gezeigt. Er trainierte Bienen darauf, einen bestimmten Geruch, der Zuckerwasser versprach, erkennen zu lernen. Die Bienen erinnerten sich auch später daran, sie flogen sofort auf diesen Geruch zu. Bienen begreifen, dass bestimmte Düfte Futter verheissen, andere nicht. Sie sind lernfähig, und sie treffen Entscheidungen. Dank ihrer Lernfähigkeit können sie schnell und flexibel auf Veränderungen in der Umwelt reagieren.

Und Pflanzen? Können auch sie lernen, also ihr Verhalten als Resultat früherer Erfahrungen ändern? Können Pflanzen sogar trainiert werden? Das ist Thema des nächsten Kapitels.

Pflanzen manipulieren Hummeln – mit Nikotin im Nektar
Tabak- und manche Zitruspflanzen mischen ihrem Nektar etwas Nikotin bei. Warum? Um das herauszufinden, benutzten David Baracchi von der Universität Toulouse und sein Team im Labor künstliche Blumen, deren Nektar etwas Nikotin, und solche, deren Nektar kein Nikotin enthielt. Das Ergebnis war deutlich: Die Hummeln bevorzugten die Blüten mit nikotinhaltigem Nektar, auch wenn diese weniger von der süssen Verlockung enthielten. Sie wurden abhängig, ja süchtig und blieben den Blüten treu – ein grosser Vorteil für diese Pflanzen. Dank des Nikotins lernten die Hummeln auch signifikant schneller, die nikotinhaltigen Blüten an ihrer Farbe zu erkennen.[17]

Hummeln manipulieren Pflanzen – mit einem Trick
Wenn eine Hummelkönigin aus dem Winterschlaf kommt, braucht sie Pollen und Nektar, um eine neue Kolonie zu gründen. Wacht sie zu früh auf, könnte es nicht genügend blühende Blumen geben. Die Hummeln behelfen sich in dieser Situation mit einem Trick. Ein Team um Consuelo De Moraes von der ETH Zürich entdeckte mehr zufällig, dass Hummeln manchmal kleine Löcher in Tomatenblätter knabbern, ohne diese zu essen. Doch der Effekt war verblüffend: Die angenagten Tomaten blühten einen Monat vor ihrem eigentlichen Termin. Schwarzen Senf konnten die Hummeln zwei Wochen früher zum Blühen bringen, wenn sie Löchlein in dessen Blätter bissen. Das Team wollte sichergehen, dass es sich hier nicht um einen Zufall handelte, und verglich hungrige mit wohlgenährten Hummeln: Die hungrigen Hummeln bissen etwa viermal mehr Löcher in die Blätter als solche, die satt waren. Warum und wie dieser Trick funktioniert, weiss man noch nicht. Das Team schnitt selber ähnlich kleine Löcher in die Blätter: Auch diese Pflanzen blühten früher, jedoch weniger früh, als wenn Hummeln daran geknabbert hätten. Das lässt vermuten, dass die Hummeln chemische Wirkstoffe aus ihrem Speichel in die Blätter einspritzen, wenn sie sie anbeissen und die Pflanze auf diese Weise dazu anregen, früher zu blühen.[18]

Verdreckte Luft kann Bestäuber verwirren und schädigen

Verschmutzte Luft enthält viele aggressive Chemikalien, wie zum Beispiel Ozon. Das Gas reagiert mit manchen Pflanzenduftstoffen und spaltet sie in einzelne Fragmente. Beim Abbau von Ozon entstehen neue schädliche Moleküle, wie zum Beispiel Hydroxyl oder Nitrat-Radikale, die den Abbau von Pflanzenduftstoffen gleich nochmals beschleunigen. Wie eine Gruppe um Jose D. Fuentes von der Penn State University zeigen konnte, verändern Luftschadstoffe auch die Überlebensdauer und Reichweite von Duftmolekülen.[19] Das beeinflusst die Kommunikation zwischen Blüten und Bienen.

In einem Versuch fanden 20 Prozent aller Bienen in einer ozonfreien Luft das Duftmolekül Beta-Caryophyllen innerhalb von 10 Minuten, bei einer Ozonkonzentration von nur 20 ppb brauchte die gleiche Anzahl Bienen für diese Aufgabe 180 Minuten, also ganze drei Stunden. Das Team fand bei sechs verschiedenen Duftmolekülen ähnliche Resultate.[20, 21]

Verdreckte Luft schädigt Bienen

Eine Gruppe um Geetha Thimmegowda vom National Centre for Biological Sciences im indischen Bangalore untersuchte in einem grossangelegten, vierjährigen Feldversuch den Einfluss von verschmutzter Luft auf die Riesenhonigbiene *(Apis dorsata)*, eine der wichtigsten Bestäuberinnen in ganz Indien.[22] An verschieden belasteten Orten fingen sie rund 1800 dieser Bienen ein und untersuchten sie physiologisch und molekularbiologisch. Die Bienen in der luftverschmutzten Umgebung von Bangalore hatten einen stark veränderten Herzrhythmus, eine veränderte Blutkörperchenzahl und deutlich erhöhte Stresswerte gegenüber Bienen, die in weniger verschmutzten Gegenden lebten. Am auffallendsten aber war: Über 80 Prozent der Riesenhonigbienen, die in Gebieten mit mittlerer oder hoher Luftverschmutzung gesammelt wurden, starben bereits nach 24 Stunden. Laborgezogene Fruchtfliegen *(Drosophila melanogaster)*, die an den gleichen Orten ausgesetzt wurden, litten in verschmutzter Luft an sehr ähnlichen Schäden.

Die Studie sei die erste grosse Feldstudie dieser Art, schreibt die Gruppe. Bisher waren die Auswirkungen von Luftverschmutzung auf Bestäuber vor allem im Labor untersucht worden.[23]

II. LERNEN, WANN DIE BIENE KOMMT

Gespräch mit den Berliner Forschern Tilo Henning und Moritz Mittelbach

Das Blumennesselgewächs *Nasa poissoniana* ist eine hübsche Pflanze mit sternförmigen Blüten. Sie wächst in den hohen Anden Perus, in rauen, gebirgigen Gegenden auf über 2000 Metern über dem Meer. Für ihre Bestäubung benützt sie Bienen, die Pollen von den männlichen Staubblättern zu den weiblichen Narben einer anderen *Nasa poissoniana* transportieren. Nur dann kann eine Befruchtung stattfinden.

Ein spezieller Trick hilft der Pflanze dabei: Die Blüte kann ihre langen, fadenförmigen und mit Pollen beladenen Staubblätter schnell bewegen und den ankommenden Bienen entgegenstrecken. Die Staubblätter sind in Bündeln in den bootsförmigen Blütenblättern versteckt. Wenn eine Biene die Blüte besucht, streift sie unabsichtlich ein bereits heruntergeklapptes Staubblatt und belädt sich mit Pollen. Sie wühlt dann mit ihrem Kopf im Nektar in der Blütenmitte herum und löst dabei einen Mechanismus aus: Ein weiteres, mit frischem Pollen beladenes Staubblatt klappt nach unten und bringt sich für den nächsten Besucher in Stellung. *Nasa poissoniana* kann ihre Staubblätter aber auch selber spontan nach unten klappen.

»Man kann wirklich zuschauen, wie sie ihre langen Staubblätter bewegen, das dauert keine drei Minuten«,

Moritz Mittelbach und Tilo Henning

sagt Tilo Henning. Ich treffe ihn und seinen Kollegen Moritz Mittelbach an einem kalten und feuchtnebligen Dezembervormittag im Gewächshaus des Berliner Botanischen Gartens. Dort ist auch ihr Arbeitsort. Beide kennen *Nasa poissoniana* sehr gut,[24] sie erforschen die Pflanze seit zwei Jahrzehnten. »Die Komplexität dieser Pflanze hat uns fasziniert«, sagt Moritz Mittelbach, »wir kennen auch keine andere Pflanze, die ihre Staubblätter so schnell und so präzise zu bewegen vermag. Wir fragten uns: Kann diese Pflanze ihre Blütenbewegungen womöglich selber steuern? Und können wir die Blüten so trainieren, dass sie nur in bestimmten Intervallen die Staubblätter zu bewegen beginnen?«

Um das herauszufinden, spielte Tilo Henning hin und wieder die Biene, wie er erklärt: »Man steckt eine Präparationsnadel vorsichtig in die Nektarschuppe der Blüte und biegt sie ein bisschen nach aussen. Dann klappt ein mit frischem Pollen beladenes Staubblatt nach unten. Wir machen diese Experimente schon über fünfzehn Jahre, das funktioniert sehr zuverlässig.«

Für das Experiment teilten die beiden Forscher ihre Pflanzen in drei Gruppen: Eine Gruppe wurde von der künstlichen Biene alle 15 Minuten besucht, die zweite Gruppe in Intervallen von 45 Minuten, und die dritte, die Kontrollgruppe, wurde in Ruhe gelassen. Am nächsten Tag notierten die beiden die Staubblattbewegungen ihrer Pflanzen. »Diejenigen, die am Tag zuvor auf ein 15-minütiges Intervall trainiert wurden, bewegten ihre Staubfäden jeweils präzise nach 15 Minuten«, sagt Tilo Henning. Die andere Gruppe, die tags zuvor alle 45 Minuten besucht wurde, liess sich Zeit und näherte sich ziemlich genau dem 45-Minuten-Rhythmus an. Die dritte Gruppe schliesslich, die kein Training erhielt, offerierte den ganzen Tag hindurch wesentlich kleinere Pollendosen. »Die trainierten Pflanzen haben also damit gerechnet, dass eine Biene alle 15 Minuten oder eben alle 45 Minuten vorbeifliegt. Sie präsentierten ihre mit frischen Pollen beladenen Staubfäden unmittelbar vor dem erwarteten Besuch«, sagt Tilo Henning. »Das war signifikant, dieses Experiment können wir jederzeit wiederholen.«

Kann man sagen, dass Nasa poissoniana *die Bienen manipuliert?*
M. M.: Absolut. Es geht noch weiter, das wissen wir von früher: Sie präsentiert ihrer Besucherin nur kleine Mengen an Nektar, nicht zu viel und nicht zu wenig. So viel, dass die Biene auch wirklich angelockt wird, aber so wenig, dass sie nicht faul sitzen bleiben kann, da würde sie verhungern. Sie muss weiterfliegen und den Pollen transportieren. Die Biene muss das Spiel mitmachen. Umgekehrt könnte man auch sagen, dass die Biene ihren Rhythmus der Pflanze aufdrängt – es ist ein gegenseiti-

ges Geben und Nehmen. Die beiden sind ganz und gar aufeinander angewiesen, sie bilden ein perfekt eingespieltes Team.

T. H.: Das ist auch nötig, denn die Pflanze muss ihre Bestäuber möglichst eng an sich binden, und das in kürzester Zeit. Sie muss auch verhindern, dass der Pollen von anderen Insekten abgesammelt und gefressen wird. Ein schwieriger Balanceakt.

In Ihrer wissenschaftlichen Veröffentlichung schreiben Sie, dieses Experiment zeige, dass Nasa poissoniana *fähig sei, zu lernen. Lernen ist immer noch ein höchst umstrittener Begriff in Bezug auf Pflanzen.*

M. M.: Das tun sie aber! *Nasa poissoniana*-Pflanzen haben sich an das Training vom ersten Tag erinnert und anhand dieser Erfahrungen ihr Verhalten geändert. Vorausschauend. Ohne dass eine Biene bereits da war. Ein solches Verhalten wird bei Tieren Lernen genannt. Eine einfache Form des Lernens.

Voraussetzung dafür ist aber doch, dass die Bienen immer die gleichen Flugrouten mit immer den gleichen Zeitintervallen fliegen. Tun sie das wirklich?

T. H.: Manche Bienenarten verhalten sich wirklich so. Ein Verhalten, das *trap-lining* genannt wird und gut untersucht ist.[25] Bei diesen Bienen können Sie die Uhr danach stellen![26] Wir nehmen an, dass die Bienen, die *Nasa poissoniana* bestäuben, ebenfalls feste Routen mit einem festen Zeitplan fliegen. Das ist ja der Witz dabei. Da ist es für die Blüte sehr sinnvoll, sich diesen Flugintervallen anzupassen. Dazu braucht es aber noch weiterführende Forschung.

M. M.: Die Routen und die Zeitintervalle der Bienen unterscheiden sich; wenn die Pflanzen dicht gedrängt zusammen wachsen, dann sind sie kurz. Wenn die Pflanzen über ein weiteres Gebiet verstreut sind, dann fliegen die Bienen grössere Routen und kommen seltener vorbei.

Wie lange blüht denn eine Nasa poissoniana?

T. H.: Das ist unterschiedlich. Meistens zwei bis drei Tage. Unsere Bienensimulier-Experimente machen wir jeweils in der Mittephase, da sind die Staubblattbewegungen am stabilsten. Interessant ist, dass eine *Nasa poissoniana* auch in dieser Beziehung sehr flexibel und anpassungsfähig ist. Sie kann schon mal zehn oder zwölf Tage lang blühen, wenn keine Bienen herumfliegen oder das Wetter nicht passt, wenn es zu kalt, zu warm oder zu regnerisch ist. Kommen dann die ersten Bienen, geht es zack, zack, zack. Dann beginnt die Interaktion zwischen Blüte und Bienen.

Wie lange können sich die Pflanzen erinnern?

T. H.: Das ist schwer zu testen, denn wir sind leider keine Bienen. Zwar können wir den Klappmechanismus der Staubblätter gut auslenken, aber wir sind ein bisschen grösser und ein bisschen gröber als Bienen. Das kann man nicht länger als einen Tag machen. Die Blüten ermüden nach mehreren künstlichen Bienenbesuchen ziemlich schnell und verblühen.[27]

Wir sitzen zu dritt auf einer kleinen Bank im tropisch schwülwarmen Gewächshaus, von Zeit zu Zeit tropft es auf mein Notizbuch. Über uns ein mächtiger Bananenbaum. Um uns herum ein opulentes dunkelgrünes Dickicht – ein stupender Gegensatz zur kargen und grauen

Winterlandschaft draussen. Vogelgezwitscher dringt an unsere Ohren.

Ob sie hier in Berlin auch Blumennesselgewächse ziehen könnten? Leider nicht. Das sei enorm aufwendig und im Gewächshaus schwierig zu realisieren, wie bei vielen Hochgebirgspflanzen. Darum werde auch kaum Forschung mit *Nasa poissoniana* betrieben. »Das ist sehr schade«, sagt Tilo Henning und erzählt von den unglaublichen Anpassungsfähigkeiten eines anderen Blumennesselgewächses: »Eine Art gab lange Rätsel auf. Sie wächst auf über 4000 Metern über dem Meer, im nördlichen Argentinien. Auf dieser Höhe gibt es kaum Insekten und Vögel. Wer also bestäubt sie? Wer transportiert den Pollen? Die zwischen den Felsen wachsende Pflanze hat schneeweisse Blüten, die wie ein Kranz um die Blätterrosette auf der Erde liegen. Eine Forschergruppe legte berusste Glasplatten unter die Blüten. Tags darauf fanden sie Spuren eines kleinen Tiers, einer Art Feldmaus. Diese Tierchen taten sich am Nektar gütlich und wurden dabei komplett mit Pollen eingepudert. Während sie von Polster zu Polster trippelten, bestäubten sie die Blumennesselgewächse.«

Können Pflanzen lernen?

Tilo Henning und Moritz Mittelbach sind überzeugt, dass ihre Nesselgewächse lernen können. Doch viele Forscher und Forscherinnen wehren sich dagegen, den Pflanzen Lernfähigkeit zuzusprechen. Pflanzen hätten nun mal kein Gehirn und kein Nervensystem, und das sei eine Voraussetzung für Lernfähigkeit oder gar Intelligenz. Die Nomenklatur des Tier- und Menschenreichs solle nicht leichtfertig den Pflanzen übergestülpt werden. Man dürfe Pflanzen nicht vermenschlichen.

Die Frage ist also: Braucht es ein Gehirn, um lernen zu können? Pflanzen nehmen eine Flut von Umweltsignalen (Düfte, Töne, Licht und viele mehr) wahr, interpretieren diese und antworten darauf. Wie zum Beispiel die Blumennesselgewächse, die nach ihrem Training vorausschauend alle 15 Minuten ein Staubblatt für eine Biene senken. Oder wie der Apfelbaum, der, nachdem seine Blätter angefressen wurden, mit einem Duftstoff gezielt den richtigen Bodyguard herbeilockt.

Ein solch aktives Verhalten bedingt eine komplexe und dynamische Informationsverarbeitung. So, wie das auch ein Ameisenhaufen oder ein Bienenschwarm vollbringen; auch sie können sich als Schwarm flexibel verhalten. Es gibt offenbar verschiedene Arten solcher Netzwerke, die Probleme lösen können. Das Gehirn ist eines davon.

Heute spricht man von lernfähigen Algorithmen oder künstlicher Intelligenz. Auch das sind Netzwerke, die komplex und adaptiv Informationen verarbeiten. Niemand stört sich an diesen Begrifflichkeiten, obwohl ja Computer kein Nervensystem und kein Gehirn haben. Warum also stört es, wenn von Lernfähigkeit der Pflanzen die Rede ist?[28]

Die Auseinandersetzung darüber, ob Pflanzen lernfähig oder intelligent sind, ist nicht bloss ein wissenschaftlicher, sondern vor allem auch ein philosophischer Streit. Lernfähigkeit (und Intelligenz) kann so definiert werden, dass nur Menschen und einige Tiere darunterfallen (Vorhandensein eines Gehirns, Abstraktionsfähigkeit, Vernunft) – oder aber so, dass Pflanzen mitgemeint sind (die Fähigkeit, sich zu erinnern und Entscheide zu treffen). Die Wahl der Definition hängt auch davon ab, wie wir Pflanzen in der Natur sehen. Rücken wir sie näher zu seelenlosen Maschinen, oder rücken wir sie näher zu Tieren und uns Menschen? Betrachten wir eine Pflanze als eine Art fein austarierten Automaten, der auf den gleichen Reiz immer gleich reagiert und bloss einem genetischen Programm folgt? Oder anerkennen wir, dass Pflanzen lernfähig

und sogar intelligent sind und über komplexe Kommunikationsfähigkeiten verfügen, auch als gehirnlose Wesen?
Darüber müssen wir nachdenken. Die Sicht, die das Gehirn als Zentrum eines Lebewesens hochhält, ist veraltet. Und wenn wir beginnen, die Einteilung des Lebens in die herkömmliche starre Hierarchie – zuoberst der Mensch, darunter das Tier, noch weiter unten die Pflanze und die Kleinstlebewesen – zu hinterfragen, beginnt die Welt des Lebendigen ganz anders auszusehen.

Auch Pflanzen kommunizieren mit elektrischen Signalen
Pflanzen haben kein Nervensystem. Doch auch sie leiten Informationen intern von Organ zu Organ mit Hilfe elektrischer Signale weiter, wie Tiere und Menschen.[29] Dabei dienen die Transportröhren für Nährstoffe (die sogenannten Phloemzellen) und ihre anliegenden Begleiterzellen als Pendant zu Nervenzellen. Entlang dieser Röhren werden die elektrischen Signale von Blatt zu Blatt geleitet. Und viele Neurotransmitter, die bei Menschen eine zentrale Rolle spielen, finden sich auch bei Pflanzen: Acetylcholin, Dopamin, Adrenalin oder Serotonin.[30]
Wenn man mit einem Finger eine heisse Herdplatte berührt, nehmen die Sinneszellen an der Fingerspitze die Hitze wahr und verarbeiten sie zu einem elektrischen Signal. Dieses wird zum Rückenmark und zum Gehirn geleitet. Eine schnelle Antwort wird generiert: Man zieht den Finger sofort zurück, und es schmerzt. Das Prinzip ist: wahrnehmen – verarbeiten – antworten. So auch bei Pflanzen. Die Sinneszellen im Blatt nehmen eine Verletzung wahr, generieren ein elektrisches Signal, das zu anderen Blättern geleitet wird. Diese können sich auf den Angriff vorbereiten. Also auch bei Pflanzen gilt das Prinzip: wahrnehmen – verarbeiten – antworten.
Pflanzen können über ihre Wurzeln mit Hilfe elektrischer Signale sogar mit anderen Pflanzen kommunizieren, von Pflanze zu Pflanze. Das wurde bei Tomatenpflanzen nachgewiesen.[31] Und wenn Mais elektrisch stimuliert wird, keimt er schneller und wird grösser.[32]

III. *DAS BLUMENWUNDER* – EIN STUMMFILM AUS DEM JAHR 1926 RÜHRTE DIE MENSCHEN ZU TRÄNEN

Gespräch mit der Berliner Kunsthistorikerin Ines Lindner, die den Film in den Archiven wiederentdeckte

Am 25. Februar 1926 feierte der Film *Das Blumenwunder* von Max Reichmann im grossen Berliner Filmtheater Piccadilly[33] Premiere. Es war ein Riesenerfolg: Alle 1200 Plätze waren ausverkauft. Der Film portraitierte erstmals einem breiten Publikum 43 verschiedene Pflanzen in Zeitraffer- und Nahaufnahmen. Blumen blühen auf, Blätter tanzen im Rhythmus dem Licht entgegen, Ranken suchen schlängelnd immer wieder von neuem Halt, Kakteenblüten gehen auf, öffnen sich mehr und mehr – und knicken ein, sterben ab. Alles vor schwarzem Hintergrund. Das Ballett der Preussischen Staatsoper imitierte neben der Leinwand in Tanzeinlagen Pflanzenbewegungen auf der Bühne. Ein fünfzehnköpfiges Orchester spielte live eine extra vom Komponisten Eduard Künneke für den Film geschriebene Musik. Es ist ein wunderbarer, ästhetischer Film, ein Kulturfilm. Durch den Zeitraffer sehen diese Blumen plötzlich lebendig aus. Das hat etwas Magisches – und es hat die Menschen damals bewegt. Der Film lief weitere 63 Mal im Filmtheater Piccadilly, jedes Mal ausverkauft. Nachher wurde er in

Ines Lindner

Hannover, Wien oder auch im Bauhaus in Dessau gespielt. Dann aber geriet er in Vergessenheit.

Die Berliner Kunsthistorikerin Ines Lindner hatte den Film um 2003 wieder ausgegraben, zufällig, wie sie meint, auf der Suche nach Spuren des bekannten Fotografen Karl Blossfeldt.[34] Dank ihren Recherchen hat schliesslich ARTE den Film restauriert und ins Programm genommen. Ines Lindner schickte mir eine DVD zu, und anschliessend besuchte ich sie in ihrer schönen Altbauwohnung im Ortsteil Schöneberg in Berlin.

Ein langer Gang führt zum Wohnzimmer, überall stapeln sich Bücher und Zeitschriften, eine gemütliche Unordnung. Hier lebt sie mit ihrer Tochter in einer Wohngemeinschaft. Im Wohnzimmer ein taubenblaues Jugendstilsofa, von ihren Eltern geerbt. Sie sitzt im Schneidersitz auf dem Sofa, in weiten Hosen und einem erdfarbenen Pullover, eine Tasse Tee in den Händen, um sich aufzuwärmen.

Ines Lindner, wie ist der Film entstanden?

Der Chemiekonzern BASF gab 1921 einen Werbefilm für seinen neuen synthetischen Dünger Nitrophoska in Auftrag. Dazu baute die Firma auf ihrem Versuchsgelände in Ludwigshafen extra ein Atelier, um die Pflanzenfilme im Zeitraffer zu drehen. Das war technisch sehr anspruchsvoll, weil Pflanzen Tages- und Nachtbewegungen vollführen, die Kamera aber sehr viel Licht braucht. Pflanzen haben das nicht so gern.

Das Blumenwunder *ist ein Werbefilm für ein synthetisches Düngemittel?*

Nein. 1921 kam es zu einem verheerenden Unfall: Eine Düngerfabrik der BASF explodierte. 561 Menschen starben, annähernd 2000 wurden verletzt. Es war der

Luftaufnahme nach der Explosion eines Düngemittelsilos auf dem Gelände der BASF in Oppau am 21. September 1921

schlimmste Industrieunfall in der Geschichte des Landes. Was als Werbefilm geplant war, mutierte zu einem Kulturfilm, der das ramponierte Image der Firma aufpolieren sollte. Die Dreharbeiten dauerten ganze vier Jahre. Allein für die Sequenz mit der Tabakpflanze wurden in 105 Tagen 5306 Einzelaufnahmen gemacht! In einer Filmsekunde ist zu sehen, welche Veränderung eine Pflanze in vier Stunden vollführt.

Warum aber wurde der Film so berühmt?

Das begann schon bei der Annonce, mit der Werbung. Die Botschaft war: Hier wird ein Grossereignis stattfinden; die Spitzen der Kunst und der Wissenschaft werden dabei sein. Die Presse war ganz wild darauf, ich fand in den Archiven unzählige, geradezu euphorische Rezensionen. Die grosse Presseresonanz zeigt: Wer in Berlin etwas auf sich hielt, musste den Film gesehen haben.

Hatten die Menschen noch nie Zeitrafferfilme von Pflanzen gesehen?

Doch, zumindest in der Naturwissenschaft war das bekannt. Kurze Zeitrafferfilme zu Pflanzen gab es schon seit der Jahrhundertwende. Das Besondere an diesem Film ist aber: Er beginnt recht wissenschaftlich. Ein Topf mit einer Erbsenpflanze wird um neunzig Grad gedreht, und wir beobachten, wie die Pflanze ihre Wurzeln bald wieder nach unten wachsen lässt – der Schwerkraft entgegen. Ein amüsantes physikalisches Experiment. Doch danach ist es einfach pure Ästhetik und Schönheit, die da aufrauscht und einen total in Beschlag nimmt. Der Rezensent der Zeitschrift *Das Tagebuch* beschreibt die Wirkung auf das grosse Publikum so: »Man sieht diesem Film Mütter nebst Kindern, würdige Männer in tieferer Ergriffenheit entschreiten als der Kirche und dem Theater, geschweige denn der Schule oder Universität.«[35]

Der Philosoph Max Scheler (1874–1928) schrieb seiner Frau: »Wunderbar war ein Pflanzenfilm, in dem je 24 Stunden Pflanzenleben auf eine Sekunde zusammengezogen ist[36] [...] –: man sieht die Pflanzen atmen, wachsen und sterben. Der natürliche Eindruck, die Pflanze sei unbeseelt, verschwindet vollständig. Man schaut die ganze Dramatik des Lebens – die unerhörten Anstrengungen. Am schönsten waren Ranken, die sich an vier nebeneinander gestellten Stangen aufreihen. Das stürmische Suchen nach Halt, die Befriedigung, wenn sie die Stange gefunden, die vergeblichen Versuche und vor allem: Die Erscheinung, dass – wenn die Ranke die 4. letzte Stange im Wachsen erreicht hat, – sie verzweifelt ins Leere greift, sucht und sucht – bis (unerhört!) sie sich nach Misserfolgen umwendet und zur 4. Stange zurückkehrt. Das erschütterte mich so, dass ich mit Mühe die Tränen zurückhielt.«[37] Das ging vielen so.[38]

Mir ja auch. Die manchmal geradezu erotischen Nahaufnahmen von grossen Blütenkelchen, die sich langsam öffnen, einen Blick tief ins Innere des Schlundes freigeben, bis die Geschlechtsorgane – also Narben und Staubblätter – nach aussen gleiten und immer grösser werden. Wahnsinnig. Oder natürlich die Passionsblume, die mit ihren Ranken sucht und sucht und sucht, bis sie aufgibt. Man leidet mit ihr. Das ganz gross auf einer Kinoleinwand – das ist schon umwerfend.

Da wird auch Übersehenes und Verborgenes der Wahrnehmung zugänglich gemacht.

Ich finde aber den Einstieg mit der Blumenfee, die da in wehendem Gewand erscheint, doch ziemlich kitschig und moralisierend.

Da bin ich anderer Meinung. Der Anfang ist genial! Die Blumenfee sagt zu den Kindern, die im Spiel Blumen ausgerissen haben: »Hey, Kinder, das sind Lebewesen wie wir. Die Blumen haben einfach eine andere Zeit als wir Menschen.« – »Und nun schaut her! Im Zeitbegriff verzaubert, werden eure Augen sehen!«, ruft die Fee den Kindern zu. Dann lenkt sie den Blick auf eine Uhr, auf der die Zeiger rasen. Genau darum geht es doch: Die Blumenfee versucht den Kindern verständlich zu machen, dass die Wahrnehmung der Umgebung uns Menschen überfordert, weil das Pflanzenwachstum, die Pflanzenbewegungen so langsam sind. Man muss sie verschnellern, um sie zu sehen. Und die Pointe des Films ist, dass man meint, man sehe alles in Zeitlupe, dabei ist es Zeitraffer. Die Pflanzenbewegungen wirken so langsam, gedehnt und harmonisch. Da wird alle sechs Minuten eine Aufnahme gemacht; die Zeit dazwischen ist durch das Stop-

Motion-Verfahren nicht zu sehen beziehungsweise wird immer herausgeschnitten. Wir sehen also nicht wirklich, wie die Pflanzen aufblühen, sondern eine unseren Augen gemässe Verkürzung dieses Prozesses des Aufblühens.

Und mit dem optischen Trick des Zeitraffers können wir den Metamorphosen beiwohnen, wie sich Blüten oder Pflanzen langsam verwandeln, vom Erblühen bis zum Sterben.

Ja, diese gleitenden Wachstumsbewegungen, und man kann den kleinsten Regungen der Metamorphose folgen. Metamorphosen haben die Dichtung schon immer fasziniert.

Doch wie haben Sie den Film überhaupt wieder aufgetrieben?

Ich hatte den Film zufällig in einem Programm mit Pflanzenfilmen im Arsenal[39] gesehen. Da wollte ich den Film in die Filmgeschichte und in die Kulturgeschichte der Weimarer Republik zurückholen. Ich habe ein Salonorchester organisiert, das die Originalmusik aufgearbeitet und eingespielt hat. Weil ich damals, also um 2011, Professorin in Kiel war, lief er zuerst dort. Doch Kiel ist nicht Berlin, und ich wollte ihn unbedingt in Berlin zeigen. Dann habe ich ARTE angefragt, und die sind aufgesprungen und haben den Film in ihr Programm aufgenommen. So kam der Film ins Kino Babylon, ein grosses Berliner Kino, das sich auf Stummfilme spezialisiert hat. Heute ist auch eine ARTE-DVD des Films mit grossem Orchester erhältlich.[40]

Sie kamen auch an viele weitere Originalfilme des Blumenwunders?

Der Enkel des damaligen Aufnahmeleiters bei der BASF, Alfred Löwenberg, hatte sich bei mir gemeldet; beim

Aufräumen des Dachbodens habe er Originalmaterial des *Blumenwunders* gefunden, zusammen mit vielen Zeitungsausschnitten. Doch selbst holen konnte ich das nicht. Das Filmmaterial ist hochentzündlich und enthält explosives Nitroglyzerin. In der Frühgeschichte des Kinos gab es deswegen immer wieder verheerende Brände. So gelangte das Material in das Filmarchiv des Bundesarchivs in Hoppegarten, das über einen Hochsicherheitsraum für alte Stummfilme verfügt. Dort konnte ich das Material anschauen.

Interessant ist doch auch, dass es in diesem Film die Technik ist, also die Zeitraffer- und Nahaufnahmen, die ein neues Sehen ermöglicht.

Ja, die Technik wird zur Brücke zu neuen, unbekannten Welten. Hier scheint die Kamera die Grenzziehung aufzulösen, die Pflanzen von Menschen und Tieren trennt. Wir erleben dieses Auf- und Abschwellen, diesen Rhythmus hautnah mit. Der Soziologe Max Weber (1864–1920) prägte nach dem Ersten Weltkrieg die Formel von der Entzauberung der Welt. Nur die Faktenlage zähle in einer durch Technik und Fortschritt entzauberten Welt, nicht irgendwelche Illusionen. Und hier passiert genau das Gegenteil: eine Wiederverzauberung durch technische Mittel – zu deren Entzauberung sie wesentlich beigetragen hat. Ein Rezensent des *8 Uhr-Abendblatts* (Berlin, 27.2.1926) beschreibt das schön: »Und nun kommt dieser Film, kommt nicht etwa ein hymnisch beschwingter Dichter, sondern die Lupe, das Objektiv, die Technik, dieser moderne Ausdruck ernsthaftester, sachlicher, mühsamster Arbeit, und lässt uns sehend werden ...«[41]

Trotzdem: Dieser riesige Erfolg ist doch auch sehr erstaunlich.

Das Blumenwunder traf den Nerv der Zeit, und zwar auf vielfache Art und Weise. Zum einen: Das Kino kam erst gerade in die Stadt. Kinos waren bis zu dieser Zeit etwas für Arbeiter und kleine Angestellte in den Vororten. Das Bürgertum ging ins Theater und nicht ins Kino, das war Proll. Das begann sich zu ändern. Erste grosse Kinopaläste wurden in der Stadt gebaut, so das Piccadilly. Ein weiterer Grund war: Die Verheerungen des Ersten Weltkrieges waren noch nicht lange her, die Menschen waren verunsichert. Und aus den USA kam ein grosser industrieller Schub; man versprach sich Reichtum und Arbeit. Gegen diesen Positivismus formierte sich bereits früh, Ende des 19. Jahrhunderts, Widerstand, so die Wandervogel-Jugendbewegung, die für ein anderes Verhältnis zur Natur einstand. Schrebergärten und Naturinseln mitten in der Stadt blühten auf. Es gab zudem ganz unterschiedliche Bewegungen gegen die schnelle Modernisierung und Industrialisierung. Auf der einen Seite waren das konservative Kräfte, auf der anderen Seite Linke und Utopisten – da war plötzlich eine ganz breite Bewegung quer durch die politischen Fraktionen, die für *Das Blumenwunder* begeistert werden konnten. Und auch in der Naturwissenschaft konkurrierte das mechanistische Weltbild damals schon mit einer Biologie des ganzheitlichen Denkens, wie sie zum Beispiel von Jakob Johann von Uexküll (1864–1944) vertreten wurde.

»Nääger bschaue«

Meine Grossmutter erzählte mir, wie sie als Kind mit meinen Urgrosseltern im Basler Zoo »Nääger bschaue« ging. Das war damals gang und gäbe und eine grosse Attraktion. Von 1879 bis 1935 fanden Schaustellungen von »Wilden« – Afrikanern, Nomadinnen, Feuerländern – in vielen Zoos in ganz Europa statt, in Basel, Zürich, Bern, Paris, Berlin oder Köln. Der Basler Zoo hätte wahrscheinlich ohne seine Völkerschauen nicht überlebt, schreibt der Basler Historiker Balthasar Staehelin.[42] Die »Wilden« lockten Massen an und sorgten während der kurzen Gastspiele für bis zu ein Drittel des ganzen Jahresumsatzes. Der Andrang war manchmal so gross, dass die Zäune eingedrückt wurden und die Polizei die Zuschauer davon abhalten musste, über die Schranken zu klettern.[43]

Diese Menschen aus fernen Ländern wurden oft wie Tiere gehalten, schliefen in Ställen auf Strohsäcken und mussten sich dem Publikum präsentieren. Manchmal wurden sie aus ihrem Heimatland entführt und an Menschenschau-Organisatoren verkauft, manchmal kamen sie freiwillig. Die meisten waren verarmt und erhofften sich Geld. Fehlernährung (immer nur Reis), Kälte und Krankheiten führten zu vielen Todesfällen. Für Agenten waren die fremden Menschen Waren, sie kündigten den Zoos eine »Lieferung« Ureinwohner an, zusammen mit wilden Tieren. In den Zoos waren die ausgestellten Menschen willkommene Schauobjekte. Das ist noch keine hundert Jahre her. Doch solche Bilder schockieren heute.

Der griechische Philosoph Aristoteles klassifizierte die Dinge der Natur nach dem Prinzip der Vollkommenheit. In seiner hierarchischen Seelenordnung nahm der Mensch die Spitzenposition ein, darunter folgten die Tiere, noch weiter unten die Pflanzen und zuunterst die unbelebte Materie. Daraus folgerte er, dass der Mensch dank seiner Spitzenposition das Recht habe, die absolute Herrschaft über die Natur auszuüben.[44] Diese hierarchische Seelenordnung konnte sich mehr oder weniger über 2000 Jahre lang halten. Sie war zu Zeiten, als meine Grossmutter ein Kind war, wie selbstverständlich auch auf menschliche »Rassen« aus-

gedehnt worden. Afrikanisches Leben war weniger wertvoll als europäisches.
Zumindest dieses Hierarchiedenken geriet ins Wanken. Heute ist anerkannt – wenigstens theoretisch –, dass alle Menschen eine Würde haben, dass alle Menschen gleich wertvoll sind, unabhängig von Hautfarbe, Geschlecht und Herkunft.
Im letzten Jahrhundert wurde auch der Glaube an die Höherstellung des Menschen gegenüber Tieren etwas aufgeweicht. Nicht nur Menschen, sondern auch (höheren) Tieren wurde eine Würde zugesprochen. Wir wissen heute: Das Tier ist keine Sache, kein Objekt (zumindest theoretisch). Höhere Tiere haben ein Recht auf artgerechte Haltung.
Vielleicht führt dieses Jahrhundert dazu, dass auch Pflanzen eine Würde[45] zuerkannt wird. Dass auch Pflanzen nicht einfach als Sachen oder Objekte angesehen werden. Dass es auch Pflanzen gegenüber Verpflichtungen gibt, dass auch bei Pflanzen Grenzen ihrer totalen Verinstrumentalisierung oder Verindustrialisierung bestehen. Natürlich heisst das nicht, dass wir Pflanzen nicht essen, mähen, pfropfen oder schneiden dürfen. Den Tieren Würde zuzugestehen bedeutet auch nicht, sie aus dem Nahrungsmittelkreislauf herauszunehmen.

Doch wie können wir herausfinden, wo diese Grenzen liegen? Wie können wir mit Pflanzen in Beziehung kommen; mit Lebewesen also, die so ganz anders sind als wir?
Im nächsten Kapitel skizziert der kanadische Philosoph Michael Marder Möglichkeiten, wie wir uns Pflanzen auf einem nicht-anthropozentrischen Terrain annähern können.

IV. SPRACHE DER STILLE – EINE PHILOSOPHISCHE ANNÄHERUNG AN DIE PFLANZE

Gespräch mit dem Philosophen
Michael Marder
von der Universität des Baskenlandes

Michael Marder ist Professor für Philosophie und forscht an der Universität des Baskenlandes in Vitoria-Gasteiz. Eines seiner Bücher trägt den Titel *Plant-Thinking – a Philosophy of Vegetal Life*[46] (»Pflanzen-Denken – eine Philosophie des pflanzlichen Lebens«).[47] Im Frühjahr 2020 führte ich mit dem Philosophen ein Interview per Skype.

Michael Marder, der Film Das Blumenwunder *hatte 1926 die Menschen zutiefst beeindruckt und zu Tränen gerührt – und zu einem neuen Pflanzenbild verholfen, dank der technischen Errungenschaft des Zeitrafferfilms. Pflanzen wurden plötzlich lebendig. Heute erleben wir dank der modernen Biologie grandiose neue Einsichten in das, was eine Pflanze ausmacht: Sie ist lebendig, kommuniziert, lernt, interagiert … eine ähnliche Situation?*

Einerseits ja. Eine kleine Gruppe von Pflanzenwissenschaftlern,[48] die ich sehr unterstütze, sieht heute Pflanzen als intelligente Wesen an. Nicht bloss als Untersuchungsobjekte, sondern als Subjekte mit ihren eigenen Rechten. Diese Dynamisierung der Natur ist sicher ein Fortschritt. Doch der Preis dafür ist, dass bei dieser For-

Michael Marder

schung die Form, die Gestalt und die Figur einer Pflanze verlorengehen.

Wie meinen Sie das? Dass es bei dieser Forschung um »die Pflanze« geht, nicht aber um eine Sonnenblume oder eine Rose in ihrer ganzen Gestalt?

Genau, und auch die Zeitlichkeit der Pflanze verschwindet. Was die Pflanze dem Menschen so fremd macht, ist ja, dass sie viel langsamer wächst und reagiert – das können wir nicht unmittelbar wahrnehmen. Genau das ist das Problem: Wenn wir über pflanzliche Kommunikation, Intelligenz oder auch Zeitauffassung reden, dann pflegen wir das mit unserem tiefverwurzelten Anthropozentrismus zu tun. Das heisst, wir nehmen unsere menschliche Sprache, unsere Intelligenz und Zeitauffassung als den absoluten Massstab und messen alles daran. Wir müssen aber begreifen lernen, dass die menschliche Sprache und Intelligenz nur eine Art von Sprache und Intelligenz ist. Daneben gibt es viele andere Sprachen und Intelligenzen.

Doch wie finden wir die »richtige« Sprache, um uns Pflanzen anzunähern? Aus meiner Sicht spielt da die Intuition eine wichtige Rolle, Menschen mit einem grünen Daumen etwa. Für mich ist es die Malerei, die mich den Pflanzen am nächsten bringt, jenseits naturwissenschaftlicher Erklärungsmodelle.

Dem stimme ich zu. Ich begrüsse die Vielfalt der Ansätze. Mir scheint, dass keiner erschöpfend sein kann, so dass dieses Pflanzenpuzzle umso vollständiger wird, je mehr ganz unterschiedliche Ansätze es gibt. Wichtig ist mir, dass wir uns bei all diesen Ansätzen von den Pflanzen leiten lassen. Vielleicht ist das, was Sie Intuition nennen, genau jene Haltung: der Versuch, mit der Selbstdarstellung von Pflanzen in Kontakt zu kommen.

Wie sonst können wir mit der Selbstdarstellung einer Pflanze in Kontakt kommen, welche Ansätze gibt es in unserer Kultur?

Ich sehe vier mögliche Ansätze für eine solche Annäherung an Pflanzen: Erstens die symbolische »Sprache der Blumen«. So gilt die blaue Blume von Novalis als *das* Symbol der Romantik. Zweitens die Figur der »sprechenden Bäume«, die orakelhaft die Zukunft voraussagen können, wie zum Beispiel die heiligen Eichen von Dodona in Griechenland. Drittens die biochemische Kommunikation, wie von den Pflanzenwissenschaften erforscht, und viertens die physische Artikulation der Pflanze und ihre räumlichen Verknüpfungen. Wobei: Wenn ich von Übersetzung unserer Beziehungen zu Pflanzen rede, meine ich das nicht eins zu eins. Wir können nur versuchen, uns ein wenig ausserhalb unserer selbst zu bewegen und auf die

Pflanze zuzugehen. Das bedeutet, dass wir den Pflanzen auf halbem Weg zu begegnen versuchen. Wir können uns nicht in ihre Schuhe oder Wurzeln hineinversetzen, aber wir können aus unserer Komfortzone herauskommen und uns in diesem mittleren Raum wiederfinden. Und das ist für mich die Bedeutung der Übersetzung.

Übersetzen bedeutet also auch, zu versuchen, eine Beziehung zu den Pflanzen herzustellen?

Ja, absolut richtig.

Schauen wir uns diese vier Ansätze näher an. Als Erstes nennen Sie die symbolische »Sprache der Blumen«, also die rote Rose für leidenschaftliche Liebe, die Sonnenblume für Fröhlichkeit oder die Lilie für Reinheit und Unschuld.

Genau, die erwähnte blaue Blume von Novalis ist ein weiteres wunderbares Beispiel hierfür. In seinem unvollendeten Roman *Heinrich von Ofterdingen* träumt der Held von einer blauen Blume und fragt sich, was das mit seiner angebeteten Mathilde zu tun habe. So wird die blaue Blume zum Symbol des Unerreichbaren, des Nichtexistierenden, ja zum Symbol der ganzen deutschen Romantik. Aber sehen Sie: Da werden Pflanzen lediglich als Gefässe benutzt, um bestimmte menschliche Emotionen oder Inhalte zu transportieren. Wenn eine Pflanze in ein Symbol verwandelt wird, verschwindet ihre eigene Sprache fast unter einem Mantel aus Bedeutungen, die Menschen über sie werfen.

Ich komme eher von der Malerei her. In der Fondation Beyeler in Riehen bei Basel hängt ein riesiges, herrliches Seerosenbild von Claude Monet. Da kann man lange davorsitzen und ganz ins Bild versinken. Ich habe dabei immer das Gefühl, dass er nicht nur Seerosen malt, sondern dass seine Malerei aus dem Grund seiner Seele kommt. Seerosen werden bei ihm zum Symbol für seine tiefsten Empfindungen. Da spürt man eine grosse Verbindung zwischen ihm und den Seerosen.

Ich denke, Sie wollen damit sagen, dass die symbolische Annäherung mehr als alles andere eine Darstellung nicht der Pflanze selbst, sondern unserer Beziehung zu ihr ist. Dem stimme ich zu und möchte das überhaupt nicht anprangern. Das alles sind mögliche Wege, um in Verbindung mit Pflanzen zu kommen.

Was hat es mit dem zweiten Ansatz auf sich, den »sprechenden Bäumen«?

Es sind Bäume, die bestimmte Ideen haben, aber hier sind sie im mystischen und spirituellen Modus. Sie sprechen in menschlichen Sprachen und können bestimmte menschliche Ideen ausdrücken. Das finden wir in ganz vielen Kulturen, in Indien, China, bei den Griechen und Römern und vielen mehr. Die heiligen Eichen im griechischen Dodona konnten als Orakel Ratschläge geben und die Zukunft voraussagen. Das Rauschen ihrer Blätter wurde von den Orakelpriestern der Selloi-Sippe interpretiert. Hier steckt zumindest eine Anerkennung dahinter, dass Pflanzen selber sprechen, dass sie das Recht haben zu sprechen.

Wer ist Ihr Favorit der »sprechenden Bäume«?

Das ist wohl Zhuangzis Geschichte vom Zimmermann Shi aus China im 3. Jahrhundert v. Chr. Da beklagt sich Shi über eine Eiche, weil sie so nutzlos sei, weder essbare Früchte noch gutes Holz liefere. Im Traum fragt ihn dann die Eiche, was denn der Nutzen des Nutzens sei. Nutzbarkeit für die Menschen mache das Leben der

Bäume nur elend, sie müssten ihr ganzes Leben für die Menschen arbeiten und dann viel zu früh sterben. Sie, die Eiche, versuche hingegen, nutzlos für den Menschen zu sein. Und sie fragt Shi, wie denn er, ein alter, wertloser Mann, wissen könne, dass sie ein wertloser Baum sei. Mir gefällt die Geschichte, weil sie sich über das Konzept des »Nutzens« lustig macht. Der Wert der Eiche hängt nicht vom Nutzen für den Menschen ab. So wird bei dieser Geschichte die Vorstellung der Menschen von Pflanzen neu verhandelt.

Und der dritte Ansatz dreht sich um den wissenschaftlichen Fortschritt – Pflanzen kommunizieren mit Duftstoffen über und unter der Erde.

Da kommen wir näher an die Sprache der Pflanzen heran. Aber es gibt hier eine Art Beschränkung der Sprache auf die Kommunikation. Die wissenschaftliche Konstruktion der Pflanzensprachen geht nicht wirklich über eine kommunikative Funktion hinaus – diese biochemische Sprache ist immer dazu da, etwas mitzuteilen. Doch die Sprache, auch im Falle der menschlichen Sprache, hat nicht nur eine kommunikative Funktion. Es gibt zahlreiche andere Funktionen.

Meinen Sie damit, dass die Sprache viel mehr kann als bloss Informationen austauschen? Dass man schreien oder fluchen, also alles Mögliche mit der Sprache tun kann, was über das blosse Teilen von Informationen hinausgeht?

Genau, und diese Verengung der Sprache auf den Informationsaustausch ist eine Projektion von uns Menschen auf die Pflanzen. Sprache schafft auch Gemeinschaft, eine Gemeinschaft der Zugehörigkeit zu etwas Grösserem. Das wird in der Wissenschaft auch ausgeklammert. So wird die Sprache auf die Kommunikation und noch weiter auf den blossen Informationsaustausch beschränkt. »Kommunikation« bedeutet in der Wissenschaft dann lediglich »Übertragung von Informationen« in Form von biochemischen, elektrischen und anderen Arten von Signalen. Infolgedessen werden Pflanzen als Sender und Empfänger von Informationen aufgefasst. Das ist eine stark verarmte Auffassung von Kommunikation. Dazu kommt, dass viele Wissenschaftler glauben, in der materiellen Realität könne im Prinzip alles quantifiziert und operationalisiert werden. Das führt zu der Überzeugung, dass eine vollständige Übersetzung der Welt in ihren Code möglich sei. Da verlieren die Forscher das Unübersetzbare aus den Augen – Dinge, die ausserhalb der Grenzen der wissenschaftlichen Weltsicht existieren. Eine Pflanze wird ihrer Besonderheit, ihrer einzigartigen Geschichte und ihres Ausdrucks des Lebens beraubt, wenn sie ohne ihren unübersetzbaren Rest in die Forschung der Pflanzenwissenschaftler aufgenommen wird. Was eine Pflanze ist, erschliesst sich der Wissenschaft nur sehr unvollständig.

Darf ich Ihnen eine Frage stellen: Warum sagen Sie, »was« eine Pflanze ist und nicht »wer« eine Pflanze ist? Warum bezeichnen Sie eine Pflanze als »it« und nicht als »she«?

Ja, das ist eine Art Konvention, die bestehen bleibt, die Automatismen des Sprechens. Es ist so tief in uns verwurzelt, und es ist nicht nur die Sprache, sondern auch das metaphysische Denken des Westens. Es ist schier unmöglich, das alles auf einmal und für immer zu zerstören, denn es kommt immer wieder zurück.

Kommen wir zu Ihrem vierten beschriebenen Ansatz, mit Pflanzen in Kontakt zu kommen, dem wohl schwierigsten: Wie stellt sich uns die Pflanze selbst dar, was artikuliert sie in ihrer »Sprache ohne Worte«, wie Sie das nennen?
Eine Pflanze kann sich durch Duftstoffe und chemische Verbindungen ausdrücken, die sie freisetzt. Oder einfach durch ihre physische Artikulation, die Art und Weise, wie sie wächst, sich in alle Richtungen ausbreitet. Pflanzen üben die ganze Zeit eine eigene Körpersprache aus. So wie sie sich positionieren, wie sie sich drehen. Ich sehe diesen Teil als Selbstausdruck, der den erweiterten Sinn der Sprache ausmacht. Die Körpersprache jenseits der Sprache ist ja auch bei uns Menschen wichtig, etwas, was jetzt leider während unseres Skype-Gesprächs fehlt.
Ja, es wäre schön, mit Ihnen jetzt in einem Café in Vitoria zu sitzen. Wahrscheinlich habe ich Sie noch nicht richtig verstanden: Was artikulieren Pflanzen in ihrer Sprache ohne Worte?
Zuallererst: sich selbst. Ihre Körpersprache, ihr Wachstum. Und dann: Eine Pflanze knüpft überallhin Verbindungen, zu anderen Pflanzen, zu Tieren und Mikroorganismen. Die Verbindungen, die sie knüpft, sind nichts weniger als die Sprache des Lebens selbst.
In Vorträgen zeige ich oft ein Bild mit einem einzigen Satz: »Die Pflanze ist Beziehung.« Pflanzen sind wahrscheinlich noch viel mehr auf ein Netzwerk angewiesen als wir, unter anderem deshalb, weil sie sesshaft sind und bei Gefahr nicht einfach fliehen können. Meinen Sie etwas in diese Richtung?
Ja, so ungefähr. Es geht aber noch weiter. Pflanzen bilden Ökosysteme und Mikroklimate, sie beeinflussen die Atmosphäre. Sie sind Orte, wo andere Lebewesen wachsen

können. Ihre Selbstbestätigung ist gleichzeitig die Bestätigung aller anderen Lebewesen um sie herum. Pflanzen bilden eine Welt, durch die sie selbst geformt werden. Die Welt ist weder ein leerer Behälter für die Wirklichkeit noch für den scheinbar unbegrenzten Stoff, den sie enthält; vielmehr ist ihr Charakter zutiefst relational: Sie ist abhängig von den Verbindungen zwischen den Lebewesen, die sie bevölkern. Die Welt ist das, was dazwischen geschieht.

Wie also können wir auf Pflanzen zugehen und aus unserer Komfortzone herauskommen, aus unserer so gewohnten menschlichen Überheblichkeit?

Wir müssen vor allem lernen, bei Pflanzen auf die Lücken und die Stille der Sprache zu hören. Wir müssen lernen, viel Raum für das Unaussprechliche oder das Unübersetzbare zu lassen. Denn die Welt der Pflanzen ist für uns nicht transparent. Wir können uns nicht vorstellen, wie es ist, eine Pflanze zu sein. Paradoxerweise entspringt die grösste Intransparenz unserem Verlangen nach totaler Transparenz, das es uns nicht erlaubt, anderen Lebewesen auf einem nichtanthropozentrischen Terrain zu begegnen.

A rose is a rose is a rose.[49]
Just this.

V. KÖNNEN PFLANZEN UNSERE EMOTIONEN ERKENNEN?

Besuch bei Peter Gloor, Forscher am MIT

Peter Gloor, achtundfünfzig Jahre alt, ist Forscher am renommierten MIT (Massachusetts Institute of Technology, Center for Collective Intelligence) in Cambridge. Er forscht zu innovativen und kollaborativen Netzwerken, künstlicher Intelligenz und maschinellem Lernen, also selbstlernenden Programmen.[50] Zudem ist er Honorarprofessor an der Universität zu Köln und lehrt an zwei chinesischen Universitäten. Eine seiner Leidenschaften ist die Interspezieskommunikation, wie sie etwa zwischen uns und Pflanzen und Tieren stattfindet. Denn Pflanzen, so sagt er, seien imstande, menschliche Emotionen zu erkennen. Wie genau, das erforschte er mittels künstlicher Intelligenz. Darüber wollte ich mehr erfahren.

Ich treffe ihn in Aarau, wo er zur Zeit des Corona-Lockdowns sein Domizil hat. Ich hatte mir vorgestellt, Peter Gloor und seine Softwarefirma Galaxyadvisors in einem Hightech-Glasgebäude vorzufinden. Stattdessen: ein altes Reihenhaus an der Laurenzenvorstadt. Das Haus sei 200 Jahre alt, sein Grossvater habe hier ein Spengler- und Sanitärgeschäft geführt.

Er führt in den ersten Stock auf eine verglaste Veranda, mit Ausblick auf sanfte Jurahügel. Neben zwei bequemen Korbstühlen, auf die wir uns bald setzen, stehen ein

Peter Gloor mit seiner Mimose

paar Computer herum, auch allerhand elektrische Geräte und auf den Fenstersimsen ein Blumentopf mit einer Mimose *(Mimosa pudica)* und ein anderer mit einer Tanzpflanze (*Codariocalyx motorius,* auch Telegraphenpflanze). Um die Ecke eine kleine Einbauküche, dazwischen ein grosser Strahlenaralie-Strauch.

Peter Gloor beginnt mit einem Experiment. Er nimmt die Mimose vom Fenstersims, heftet vorsichtig eine kleine Elektrode an eine Blattachse und bestreicht die Stelle mit einem leitenden Gel – so, wie wir das von einer Ultraschalluntersuchung oder einem EKG kennen. Das andere Ende steckt er zur Erdung in die Topferde. Das Kabel verbindet er mit der SpikerBox[51], einem kleinen Gerät, das die elektrischen Signale der Mimose registriert. Die SpikerBox verkabelt er mit einem Computer, auf dem eine horizontale grüne Linie erscheint. Dann kann das Experiment beginnen: Wir fuchteln über der Mimose in der Luft herum, was die grüne Linie auf dem Bildschirm deutlich nach oben und nach unten ausschlagen lässt. Einige Male geht das so, dann schlägt die Linie trotz des Herumfuchtelns nicht mehr aus. »Die Mimose hat gelernt, dass die Luftbewegungen keine Gefahr bedeuten, und reagiert nach einigen Malen nicht mehr darauf«, sagt Peter Gloor. Mit dieser Apparatur werden die elektrischen Signale der Mimose für das menschliche Auge sichtbar gemacht, also zu einer grünen Kurve auf dem Computer übersetzt. »Es sieht einfach aus, aber dahinter stecken enorm viel Rechenleistung und Algorithmen der künstlichen Intelligenz zur Auswertung.«

Doch was genau beobachten wir hier? Die Mimose nimmt die elektrostatischen Entladungen wahr, die wir durch unser Herumfuchteln verursacht haben. Die Sinneszellen (Rezeptoren) auf Blättern und Stängel wandeln diese Reize in elektrische Signale um, mit denen die Informationen weitergeleitet werden, ähnlich wie bei Menschen. Die elektrischen Signale in der Mimose werden von der SpikerBox gemessen und anschliessend in einer für uns sichtbaren Kurve dargestellt. Doch was die elektrostatischen Entladungen für die Mimose bedeuten, ist nicht bekannt.

Elektrostatische Entladungen? Wir alle kennen dieses Phänomen. Beim Überziehen eines Kunststoffpullovers zum Beispiel knistert es – eben wegen elektrostatischer Entladungen.[52] Doch schwächere Entladungen spüren wir nicht, Pflanzen hingegen schon. Sie sind viel sensiblere Messinstrumente als wir Menschen. Wir würden keine elektrostatischen Entladungen spüren, wenn jemand über unserem Kopf herumfuchtelt, sagt Peter Gloor.

Bei seinen Recherchen ist er auf die Tanzpflanze *(Codariocalyx motorius)*[53] gestossen, eine Pflanze, die ihre Blätter deutlich und gut sichtbar zu Musik bewegt, »am besten zu indischer religiöser Pirith-Musik«, sagt der Wissenschaftler. Mit vielen Experimenten konnten er und seine Gruppe zeigen, dass Tanzpflanzen bei jeder Musik, ob Heavy Metal, Jazz oder Klassik, ihre Blätter in einem anderen Rhythmus bewegen und dass die Bewegungsmuster mit Algorithmen beschrieben werden können. Als Nächstes untersuchten sie, ob auch Mimosen ihre Blätter zu Musik bewegen.[54] Dazu teilten sie die Pflanzen in drei Gruppen. Der ersten Gruppe wurde Techno vorgespielt. Die zweite Gruppe beschallte seine ehemalige Frau, eine gute Jodlerin, mit Jodelklängen. Die dritte Gruppe erhielt gar keine Musik. Bei jeder Mimose wurde eine Stelle zwischen Stamm und Blattstiel markiert und mit einer Videokamera aufgenommen. Mittels eines maschinellen Lernverfahrens wurde die Abfolge der Töne analysiert[55] und in Zahlen übersetzt. So lässt sich feststellen, ob die Blattbewegungen mit den Tonfolgen übereinstimmen. Wenn das der Fall ist, kann man annehmen, dass die Musik die Blattbewegungen stimuliert und es sich nicht um zufällige Bewegungen handelt.

Das Resultat: Die Mimosen bewegten tatsächlich ihre Blätter zur Musik, besonders angeregt hat sie das Jodeln.[56] Es sind langsame und kleine Bewegungen, von blossem Auge nicht sichtbar. Die Mimosen heben oder senken ihre Blätter um 0,3 Millimeter, neigen sie nach links und rechts – Mimosenblätter tanzen gewissermassen zum Jodeln.[57] Diese Resultate sind gut reproduzierbar.

Das maschinelle Lernverfahren zur Analyse der Tonabfolgen werde auch anderweitig verwendet, zum Beispiel in Callcentern, um den emotionalen Zustand einer Stimme zu erfahren, sagt Peter Gloor. Wenn jemand anruft, dessen Stimme verstört tönt, sieht der Callcenteragent ein Logo auf seinem Bildschirm aufleuchten und kann sich entsprechend verhalten. »Die Pflanze verhält sich gleich wie das Mikrofon im Callcenter, das die Stimme des Anrufers analysiert. Mit maschinellen Lernverfahren werden daraus Emotionen abgeleitet.«

Mit den gleichen Verfahren forschen Peter Gloor und sein Team an der Erkennung menschlicher Emotionen. An seinem linken Handgelenk trägt er ein von ihm entwickeltes Happimeter, ein Gerät, das den momentanen Glückszustand des Trägers misst. »Das Happimeter ermittelt menschliche Emotionen durch ihre Körpersprache, also Herzfrequenz, Atembeschleunigung, Ausdruck der gesprochenen Sprache und kleinste Bewegungen, auch wenn wir so miteinander reden, und berechnet dann meinen Glückszustand in einem Algorithmus.«

Und wie happy sind Sie im Moment?
[Er konsultiert sein Happimeter.] Im grünen Bereich, two of two, also sehr happy.
Das freut mich. Mir geht es gleich. Doch wofür braucht es dazu ein Happimeter?
Wenn man weiss, ob einen eine Tätigkeit oder ein Gegenüber happy oder unhappy macht, kann man sein Verhalten dieser Einsicht anpassen, zum Beispiel kann man jemandem, der einen unhappy macht, aus dem Weg gehen.
Doch wie können Pflanzen menschliche Emotionen erkennen?

Sie merken, ob eine traurige oder eine glückliche Person auf sie zugeht, und zwar an deren Schritt. Eine glückliche Person geht anders als eine traurige – und das nehmen die Pflanzen wahr.

Für das Experiment[58] gingen seine Studentinnen und Studenten »glücklich« oder »traurig« auf die Pflanzen zu. Er macht es gleich vor: Einmal bewegt er sich leicht, beschwingt und aufrecht – also »glücklich« – durch den Raum, um dann mit hängendem Kopf und nach vorn fallenden Schultern – also »traurig« – langsam zurückzugehen. Doch wie merken Pflanzen das?

»Sie können die elektrostatischen Entladungen einer Person während des Gehens wahrnehmen«, sagt Peter Gloor. Wenn ein Fuss beim Gehen mit dem Boden in Kontakt kommt, gibt es eine negative Ladung, beim Abheben des Fusses vom Boden eine positive. So entsteht bei jedem Schritt eine elektrostatische Entladung.

Mit Hilfe von künstlicher Intelligenz wies das Team nach, dass die Pflanzen mit 85 Prozent Treffsicherheit feststellen konnten, ob eine Person traurig oder glücklich auf sie zugeht. Das funktionierte bei Mimosen, Basilikum und Thymian, nicht aber bei Orchideen. Deren Blätter seien wahrscheinlich zu dick für die Messungen.

Aber Pflanzen erkennen unsere Emotionen wohl nicht, sondern registrieren das, was diese Emotionen auslösen; einen anderen Gang zum Beispiel, unterschiedliche elektrostatische Entladungen?
Genau. Was diese unterschiedlichen Entladungen für die Pflanze bedeuten, wissen wir nicht.

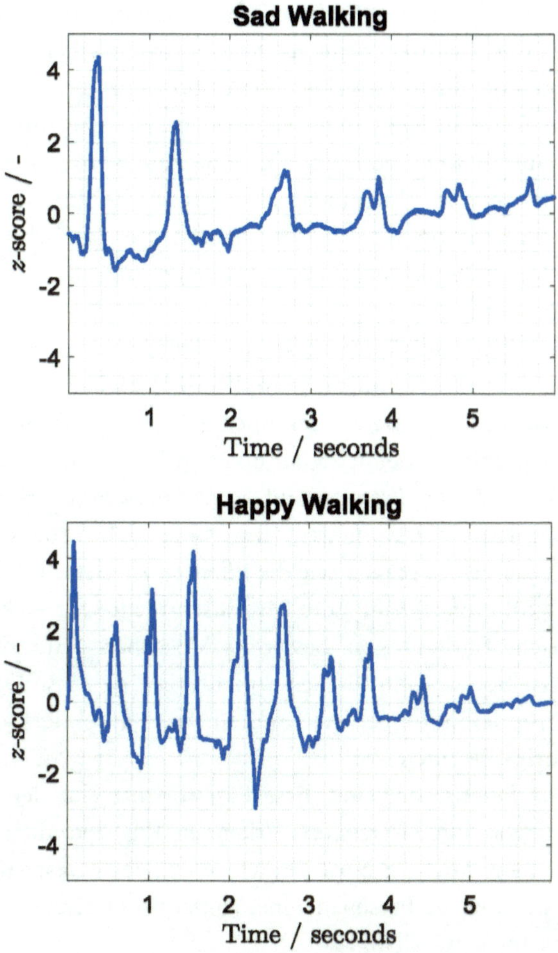

Die y-Achse zeigt die Stärke des elektrostatischen Signals (als z-score, d. h. als Anzahl der Standardabweichungen vom Mittel des Ursprungswerts)[59]

Das Prinzip ist das gleiche wie bei den vorherigen Experimenten: Pflanzen nehmen die elektrostatischen Entladungen der auf sie zugehenden Person wahr und wandeln diese Reize in elektrische Signale um, um die Information intern weiterzuleiten. Diese Signale werden gemessen. Lernende Maschinen, also künstliche Intelligenz, kombinieren die Signale der Pflanzen mit den Schritten der Versuchspersonen und generieren daraus folgende Diagramme:

Bei jemandem, der »traurig« läuft, ist die Auslenkung der Schwingungen (Amplituden) kleiner, und die Frequenzen sind tiefer. Bei einer glücklichen Person ist die Auslenkung der Schwingungen grösser, und sie weist auch eine höhere Frequenz auf. Peter Gloor sagt: »Es gibt bisher kein Messverfahren, um diese elektrostatischen Entladungen so präzise wie die Pflanzen zu messen. Pflanzen sind einfach sehr gute Messinstrumente für elektrostatische Entladungen, besser als Menschen. Alles Weitere ist Spekulation. Es heisst nicht, dass sie diese Daten interpretieren können und wissen, was ›glücklich‹ oder ›traurig‹ bedeutet.«

Für Peter Gloor sind diese Experimente erst der Anfang. Was ihn interessiert: Erkennen Pflanzen auch andere menschliche Emotionen wie Wut oder Angst? Können sie einzelne Personen voneinander unterscheiden, gar menschliche Gesichter?

Ich finde das hochinteressant. Ich frage mich aber, ob wir den Pflanzen mit solchen Experimenten wirklich näherkommen und sie einmal ganz werden verstehen können. In den letzten Jahr-

zehnten fand man spektakuläre neue Eigenschaften von Pflanzen, und Sie zeigen nun, dass Pflanzen sogar auf Jodeln reagieren oder menschliche Emotionen erkennen. Doch ich bin überzeugt, dass wir Pflanzen nie ganz verstehen werden, eben weil sie keine lebenden Bioautomaten sind, die einfach ihr genetisches Programm abspulen. Der kanadische Philosoph Michael Marder (s. Kapitel IV) meint, dass wir uns Pflanzen nur nähern können, wenn wir lernen, viel Raum für das Unaussprechliche oder Unübersetzbare zu lassen. Die Welt der Pflanzen sei für uns nicht transparent, weil wir uns niemals vorstellen könnten, wie es sei, eine Pflanze zu sein. Dem stimme ich zu.

Ich glaube ebenfalls, dass wir uns nicht vorstellen können, wie es ist, eine Pflanze zu sein. Aber ich glaube auch, dass künstliche Intelligenz uns helfen wird, Pflanzen besser zu verstehen und die Regeln der Kommunikation zu entschlüsseln.

Was bringt Sie zu dieser Überzeugung?

Ich bin der Meinung, dass wir alle basierend auf einfachen Mustern kommunizieren. Wir kennen nur die Muster noch nicht. Diese Muster nenne ich *simple rules.* Wir sind von einfachen Heuristiken gesteuert.

Was ist eine Heuristik?

Eine *simple rule,* also eine Daumenregel. Heute versuchen Forscher, die Quantentheorie und die Relativitätstheorie zu vereinen, mit hochkomplizierten Algorithmen und Berechnungen. Jetzt muss man warten, bis der nächste Einstein kommt, dann gibt es eine *simple rule.*

Das bezweifle ich.

Das ist immer so passiert. Bei Aristoteles hat es allerdings 2000 Jahre gedauert.

Da bin ich Agnostikerin. Es gibt erkenntnistheoretische Grenzen unseres Wissens. Aus meiner Sicht gibt es Fragen, die wir nie werden beantworten können, weil sie zu gross für uns Menschen sind: Was ist Leben? Was passiert nach dem Tod? Wer ist eine Pflanze?

Peter Gloor und ich sind uns natürlich nicht einig geworden. Doch seine Welt fasziniert mich. Er erzählt von seiner Forschung zu CoINs (Collaborative Innovation Networks) – digital vernetzte soziale Netzwerke mit einer gemeinsamen Vision, die aus gemeinsamem Interesse zusammenarbeiten und Ideen und Informationen teilen. Zu diesen Themen schrieb er bisher neun Bücher mit Titeln wie *Swarm Creativity* oder *Swarm Leadership and the Collective Mind* und verfasste zahlreiche wissenschaftliche Publikationen. Er sagt, dass er immer auch gern Science-Fiction-Romane lese, um wilde Ideen einzusammeln. »80 Prozent sind Mist, und 20 Prozent sind genial«, sagt er. »Da kann ich mich für neue Forschungsideen inspirieren lassen.«

Eine davon ist schon ziemlich weit gediehen: Lernende Maschinen sollen die Emotionen von Pferden erkennen lernen.[60] Eine Forscherin aus seiner Gruppe untersucht das seit zehn Jahren auf einer Pferderanch in Oklahoma. Das sei ein Riesenaufwand, es brauche Tausende Fotos von jedem Pferdekopf und von jedem Pferd. Diese müssten dann einzeln etikettiert und zugeordnet werden. Daraus würden Algorithmen Trends und Wahrscheinlichkeiten berechnen. Er sei überzeugt, dass das funktionieren werde. »Damit wird man zeigen können, ob Pferde glücklich, gestresst oder gelangweilt sind.«

Doch, so frage ich mich, nehmen wir da nicht *unsere* Emotionen, *unsere* Ausdrucksweisen, *unsere* Intelligenz als absoluten Massstab, an dem wir alle anderen Lebewesen messen?

Peter Gloor meint: »Ich bin mit Ihnen einverstanden, dass wir unsere eigenen Emotionen in der Gefühlswelt des Pferdes spiegeln. Deshalb ist das für mich ein iterativer Prozess, also ein Prozess, wo man sich schrittweise in wiederholten Rechengängen einer Lösung annähert. Wenn wir die Gefühle der Pferde – und Hunde, da sind wir auch dran – besser verstehen, merken wir hoffentlich, dass wir sie teilweise missverstanden haben.«

Im nächsten Kapitel erzählen Anet Spengler Neff und Florian Leiber von ihrer Arbeit am Forschungsinstitut für biologischen Landbau (FiBL): Sie untersuchen, was es braucht, damit Kühe ein glückliches Leben haben und die Umwelt gemäss ihren Fähigkeiten erleben können.

Gorillas erkennen menschliche Mimik besser als wir

Gorillas seien in Bezug auf ihre Sinneswahrnehmungen viel leistungsfähiger als Menschen, sagt der Basler Verhaltensforscher und Gorillaexperte Jörg Hess. Im Vergleich zu Gorillas seien wir Menschen »Sinnesrudimentler«. Was Peter Gloor und sein Team mit künstlicher Intelligenz zu eruieren versuchen – nämlich die Emotionen im Gesicht ihres Gegenübers dank vieler nonverbaler Hinweise zu lesen –, können Gorillas offenbar von Natur aus. Jörg Hess erzählt: »Im Basler Zoo wollten wir einmal wissen, ob Gorillafrau Kati schwanger war. Um einen Schwangerschaftstest durchzuführen, brauchten wir ihren Urin. Wir lockten sie mit verführerischen Säften – Orangensaft, Ovomaltine, Himbeersirup – in einen abgesonderten Raum. Das funktionierte über ein bis zwei Wochen bestens. Doch immer am Tag X, an dem wir ihren Urin analysieren lassen wollten, weigerte Kati sich, den fraglichen Raum zu betreten, sobald der Tierpfleger am anderen Ende des Raums erschien.« Er musste sich durch irgendeine Geste, einen Blick, eine Grimasse verraten haben, vielleicht auch durch seinen Schritt. Kati konnte die Botschaft lesen, sie wusste, dass er etwas von ihr wollte. »Wir haben dann die Strategie geändert: Wir gaben dem Tierpfleger den Tag X nicht mehr bekannt. Da klappte die Sache.«[61]

DIE TIERE

VI. VON DER KUH LERNEN, WAS SIE FÜR EIN GUTES LEBEN BRAUCHT

Gespräch mit Anet Spengler Neff und Florian Leiber vom Forschungsinstitut für biologischen Landbau (FiBL)

Ein ganz junges, kaum eine Woche altes Kalb stakst ungeschickt auf die Mutter zu, stupft sie in den Bauch, sucht das Euter und beginnt gierig zu saugen. Die Mutter schaut ihm zu, danach schleckt sie ihr Kalb ab, über Gesicht und Hals, immer wieder. Ein herzerwärmender Anblick. »Das sieht man nicht oft in Milchviehställen«, sagt Anet Spengler Neff. Denn meist werden die Kälber der Mutter gleich weggenommen und separat aufgezogen. Das sei einfacher und kostengünstiger.

Doch ist es einer Kuh würdig?

Wir sind im neuerbauten Kuhstall des Forschungsinstituts für biologischen Landbau (FiBL) im aargauischen Frick. Das Gebäude ist modern konzipiert: Neben den grosszügigen Liegeflächen gibt es separate Liegeboxen mit Stroh, dazwischen zieht ein kleiner Mistroboter seine Runden, im hinteren Teil steht ein Häuschen mit dem Melkroboter.[62] Der Stall ist zur einen Seite geöffnet und wird von der Morgensonne durchflutet.

Hier wollen Anet Spengler Neff, Leiterin der Gruppe Tierhaltung und Tierzucht beim FiBL, und Florian Leiber,

Anet Spengler Neff und Florian Leiber

Leiter des Departements für Nutztierwissenschaften, herausfinden, was es braucht, damit sich eine Kuh wohl fühlt, und zwar indem sie durch sorgfältiges Beobachten in ein »Gespräch« mit den Tieren gelangen. Damit wollen sie nach neuen Wegen der Tierhaltung suchen, die der konventionellen Wissenschaft verborgen bleiben, jedoch auch wirtschaftlich interessant sein können.

Der deutsche Philosoph, Biologe und Theologe Günter Altner (1936–2011) nannte diesen Ansatz »Forschung aus der Teilnehmerperspektive«,[63] die Biologie des Beobachtens und, ja, eben der Teilnahme. Die teilnehmende Forschung sei eine wesentliche Ergänzung zur klassischen Forschung: Es sind zwei Ebenen, bei denen die Erkenntnisvoraussetzungen verschieden sind. Ihre Fragen an die Kuh sind: Was kann eine Kuh besonders gut, was ist für sie in ihrem Leben sehr wichtig, und wie kann sie dabei unterstützt werden? Wie entwickeln wir die richtigen Forschungsansätze, um herauszufinden, ob es dem Tier gutgeht oder nicht, ob es die Umwelt gemäss seinen Fähigkeiten erleben kann? Gibt es einen fairen Deal zwischen Menschen und Kühen, der auch wirtschaftlichen Kriterien standhält?

»Bereits die Organe sagen viel über eine Kuh und ihre Bedürfnisse aus«, sagt Anet Spengler Neff bei unserem Stallbesuch. Der Verdauungsapparat der Kuh sei riesig, mit vier Mägen – Pansen, Netzmagen, Blättermagen und Labmagen –, dann Dünn- und Dickdarm. »Sie ist von der Physiologie her stark auf das Verdauen von Zellulose – also von Gras und Heu – ausgerichtet. Das kann die Kuh gut machen, dafür ist sie gebaut. Das Tier kann nicht einfach sagen: Das mache ich heute mal anders. Das geht nicht. Wenn sie also viel Heu und Gras erhält, ist das der Anfang eines respektvollen Umgangs mit ihr. So überlassen wir sie wirklich der Lebensweise, die zu ihr aufgrund ihrer ganzen Gestalt gehört. Und wie sie es seit gut fünf Millionen Jahren[64] gemacht hat.«

Die Kühe hier werden von dem Bauern Gerhard Hofstetter betreut. Es sind hübsche, rot-weiss gefleckte Rinder der Rasse Swiss Fleckvieh; eher klein und robust, mit schön geschwungenen Hörnern, einer breiten Stirn, gekraustem Haar zwischen den Hörnern und grossen Augen mit langen Wimpern.[65] Neugierig kommen einige auf uns zu, sie sind Menschen gewohnt. Ein kleiner, noch junger Stier ist auch dabei. Viele Kühe liegen auf der Freiliegefläche tief im Stroh und sind mit Wiederkäuen beschäftigt. Der kalte Herbstmorgen lässt ihren Atem sichtbar werden. Einige sind hochträchtig, ihre Bäuche wölben sich im Stroh.

»Hier draussen auf der Liegefläche sind die ranghohen, starken Tiere«, sagt Anet Spengler Neff, »hier haben sie wohl am meisten Freiheit.« Die rangniederen hingegen bleiben lieber in den Liegeboxen, wo sie besser geschützt sind und wissen, dass sie von keiner anderen Kuh gestört werden. Eine Kuh, es ist Rose, steht wiederkäuend etwas unschlüssig dazwischen. »Sie möchte wohl abliegen«, mutmasst Anet Spengler Neff, »kann sich aber wahrscheinlich nicht entscheiden, ob sie zu den starken Kühen ins Freie gehen oder doch lieber im geschützten Raum bleiben soll.«

Wir beobachten die Kühe noch eine Weile. Wie sie den Kopf leicht erhoben haben, die Augen oft geschlossen oder an uns vorbei ins Leere schauend, hat man das Gefühl, sie geniessen das Wiederkäuen wirklich. Sie schmecken, riechen und hören in sich hinein, sie sind ganz in sich versunken. Anet Spengler Neff sagt: »Wir Menschen erleben unsere Umwelt vor allem durch die Augen, sehend. Kühe hingegen sehen schlecht. Unsere Hypothese ist: Rinder erleben ihre Umwelt vor allem durch den Geschmack, vielleicht den Geruch. Man könnte sagen, der Geschmackssinn verbindet sie mit ihrer pflanzlichen Umwelt. Davon müssen wir ausgehen.«

Was also schmeckt, riecht und frisst eine Kuh gern?[66] Genau das soll hier künftig mit dem Experiment des Weidelabors untersucht werden. Die grosse Weide, die sich vom Stall aus gegen Süden erstreckt, ist in verschiedene Parzellen eingeteilt, auf denen jeweils verschiedene

Pflanzenmischungen wachsen: Die eine Parzelle enthält nur Gräser, die zweite Parzelle eine Mischung mit einem hohen Anteil an Klee und Luzerne, also ein typisches Leguminosenfutter, die dritte Parzelle enthält viele Kräuter, die reich an Tanninen und Bitterstoffen sind, dazu gehören die Wegwarte, der Spitzwegerich oder der Kleine Wiesenknopf, der sich in vorigen Versuchen als sehr interessante neue Futterpflanze erwiesen hat. Die vierte Mischung wiederum besteht aus vielen Kräutern mit ätherischen Ölen, so etwa Kümmel, Wermut und Schafgarbe.

Im Frühling, wenn die Kühe auf die Weide kommen, werden sie auswählen können, wo, was und wann sie gern fressen. Sie werden zwei Halsbänder tragen: Eines zeichnet mittels Sensor die Bewegungen der Kaumuskeln auf. Damit kann das Kau- und Wiederkäuverhalten der Kühe durchgehend erfasst werden. Wie käut eine gesunde Kuh wieder? Wie schnell, wie langsam, wie lange am Tag? Von früheren Untersuchungen ist bekannt, dass es grosse individuelle Unterschiede zwischen einzelnen Kühen gibt. Was haben sie in Bezug auf Gesundheit oder Wohlbefinden zu bedeuten?

Am zweiten Halsband werden die Tiere ein GPS-Gerät tragen, das genau aufzeichnen wird, wann sie sich wohin begeben. Zudem werden im Melkstand täglich alle Milchinhaltsstoffe einer jeden Kuh automatisch erfasst und deren Gewicht notiert. Aus dieser Datendichte, so hoffen Anet Spengler Neff und Florian Leiber, werde man von den Kühen lernen können, was sie wann gern fressen und wie sie ihr Futter selbständig ausbalancieren. Florian Leiber sagt: »In der Parzelle mit den vielen Gräsern haben sie ein strukturreiches Futter, was für die Verdauung von Wiederkäuern wichtig ist. Auf einer anderen sind es die eiweissreichen Leguminosen, bei der dritten die Bitterstoffe, die man sich dort als Kuh abholen kann. Aus früheren Experimenten wissen wir, dass sich eine Kuh tanninreiche Pflanzen aussucht, wenn sie verpilztes Gras mit Mykotoxinen gefressen hat. Damit kann sie die Gifte neutralisieren. Oder vielleicht liebt sie vor allem die wohlduftenden Kräuter der vierten Parzelle?«

Im besten Fall würden die Kühe ihren Tagesrhythmus zeigen: Was bevorzugen sie vormittags und was abends? Einige Arbeiten anderer Forschungsgruppen deuteten an, dass sie eiweissreiches Futter eher vormittags bevorzugten. »Das ist wie bei uns«, sagt Florian Leiber. »So ein salziges Spiegelei hat nicht jeder gern zum Frühstück, aber abends vielleicht schon.« Wenn solche Präferenzen wissenschaftlich erhärtet werden, könne ein Betrieb mehrere Heustöcke bereithalten, einen mit einer kleereichen

Mischung, die zu Beginn der Fütterungszeit gefüttert wird, und einen mit einer Nicht-Klee-Mischung für später. Oder vielleicht wollen die Kühe auch als Allererstes eine Kräutermischung? Mit diesem Wissen könne man künftig mehr auf die Bedürfnisse der Kühe eingehen und ihnen nicht nur ein glücklicheres, sondern auch ein gesünderes und artgerechteres Leben ermöglichen.

Denn normalerweise sieht es heute so aus: Eine Hochleistungskuh, die 40 oder 50 Liter Milch pro Tag gibt, wird in der Regel gezwungen, immer das gleiche monotone Silagefutter zu fressen, ergänzt mit Kraftfutter, ihr ganzes Leben lang. Neben dem Verlust an Sinneserfahrungen leiden wahrscheinlich viele dieser Kühe auch physisch, wie eine FiBL-Untersuchung zeigt. Johanna Probst hatte in einem Schlachthof Gebisse von geschlachteten Kühen auf mögliche Zahndefekte hin untersucht. Fast 40 Prozent aller Kühe, die in diesen Tagen geschlachtet wurden, hatten Gebisse mit Löchern und Entzündungen. »40 Prozent – so viel haben wir nie erwartet!«, sagt Anet Spengler Neff. »Wenn Kühe nur weiches Silagefutter erhalten, werden die Zähne nicht stark abgenutzt. Sie wachsen dann im Verhältnis zu stark und oft schräg. Es gibt Lücken, wo Grashalme drin stecken bleiben und Entzündungen verursachen.« Vielleicht sei das der Grund, warum manche Kühe in einem noch jungen Alter nicht mehr gut fressen. Dann werden sie einfach geschlachtet. Niemand habe bis jetzt daran gedacht, dass sie Zahnschmerzen haben könnten, das wurde bei Kühen noch nie untersucht.

Doch sieht man es einer Kuh nicht an, dass sie Schmerzen hat? Entzündete Zähne, das muss doch weh tun.

Anet Spengler Neff sagt: »Eine Kuh zeigt nur undeutlich Schmerz und Stressanzeichen. Rinder sind eher Flucht- und Beutetiere. Sie versuchen, eine Verletzung oder einen Erschöpfungszustand vor ihren Jägern zu verbergen, denn laute Schmerzäusserungen würden deren Aufmerksamkeit auf sich ziehen.«[67]

Der Bauer Gerhard Hofstetter betritt den Stall und verteilt frisches Heu vor den Kühen. Ein stark duftendes, artenreiches Wiesenheu. Die Kuh direkt vor uns sucht sich alsbald mit ihrer langen Zunge den Klee unter dem Heuhaufen heraus und schubst die Gräser beiseite. »Sie wählt also aus«, sagt Florian Leiber. Im Heu entdecken wir neben den Gräsern und dem Klee auch Löwenzahn, grössere Blätter von Spitzwegerich und viele weitere Kräuterpflanzen.

Schmecken, riechen, auswählen können, Alternativen haben, Geruchsräume erkunden können – das gehört wohl zu einem glücklichen Kuhleben dazu.

»Eine Kuh, die einfach nur noch zwischen ihrem Liegeplatz, dem Futtertrog mit dem immer gleichen Silomüesli und dem Melkroboter hin- und herlatscht, mag gesund sein. Doch ist sie auch glücklich?«, fragt Florian Leiber.

Für ihn und Anet Spengler Neff ist klar, dass zu einem glücklichen Kuhleben mehr gehört: das Herdenleben, Rangordnungen ausfechten, mit Freundinnen schmusen und sich gegenseitig belecken, einen Stier in der Nähe haben, einem Menschen vertrauen, sich bewegen können, wie man das zum Beispiel auf der Alp beobachten kann. Dort läuft eine Kuh insgesamt bis zu zehn Kilometer pro Tag, auf Weiden im Flachland sind es viel weniger.

Aber auch die natürliche Aufzucht von Kälbern. Gibt es Wege, dass die Kälber den Müttern nicht gleich weggenommen werden und dies für den Bauern wirtschaftlich trotzdem tragbar ist? Eine Gruppe biodynamischer Bauern und Bäuerinnen suchte zusammen mit dem FiBL nach Wegen, wie Kälber wenigstens eine Zeitlang bei ihren Müttern bleiben können. Daraus ist das FiBL-Merkblatt *Mutter- und ammengebundene Kälberaufzucht in der Milchviehhaltung* entstanden, das viele praktische Empfehlungen enthält.[68] Das FiBL bietet zudem Beratungen an. »Denn ein Kalb gehört nach der Geburt zur Mutter – das ist ein Grundbedürfnis einer jeden Kuh und eines jeden Kalbes«, sagt Anet Spengler Neff. Unser kleines Kalb hat sich inzwischen wieder am Euter seiner Mutter zu schaffen gemacht und saugt schmatzend Milch.

Leidet die Kuh also auch unter Langeweile? Schweine beispielsweise drücken Langeweile sehr drastisch aus: Sie beissen sich gegenseitig die Schwänze ab oder an den Gitterstäben herum und entwickeln oft krasse Verhaltensstörungen. Das tun Kühe nicht in diesem Ausmass. Darum sei eben auch das Weidelabor wichtig, meint Florian Leiber. Denn wie könne man sonst beobachten, was eine Kuh bevorzuge, wenn sie gar keine Alternative habe? »Ich muss mir überlegen: Was können wir beobachten, wenn die Kühe auf der Weide sind? Und dann sehe ich eben, dass sie selektieren und wählen. Ich muss die Vorstellungskraft entwickeln: Was sind die Bereiche, die für das Tier wichtig sind, die für uns Menschen aber nicht eine so grosse Bedeutung haben?« Das Weidelabor sei auch ein Versuch, den Tieren in Bezug auf das Fressen wieder ein Erlebnisspektrum zu bieten, ihnen Entscheidungsmöglichkeiten zu geben, um dann von ihnen zu lernen.

Denn auch Langeweile müsse für Rinder, die ihr ganzes Leben im Stall verbringen, eine Zumutung sein, meint Florian Leiber. Stress sei nicht nur negativ, vor allem dann nicht, wenn ein Tier die Möglichkeit habe, auszuweichen und entscheiden zu können. »Wahrscheinlich brauchen auch Kühe manchmal einen Kick«, so der Forscher. Wenn man beispielsweise den Walliser Eringerkühen bei ihren Rangkämpfen[69] zuschaue, habe man wirklich den Eindruck, das sei eine positive Herausforderung für die Tiere.[70]

Unbestritten ist aber auch: Stress kann für ein Rind sehr negativ sein, vor allem dann, wenn ein Tier keine Ausweichmöglichkeiten hat, wie zum Beispiel im Schlachthof. Anet Spengler Neff führt ein weiteres Beispiel an: Mit einer Kollegin habe sie Kühe im Laufstall eines Bauernhofes Tag und Nacht beobachtet. Zwei junge Kühe hätten sich einfach nie hinlegen können. Immer wenn sie es versuchten, sei eine Ranghöhere gekommen und habe sie gestossen und verjagt. Die jungen Kühe seien völlig gestresst gewesen. »Da wurde mir zum ersten Mal richtig klar: Obwohl viel Platz da war, ging es einfach nicht. Auf der Weide hätten sie genügend Platz, im Laufstall aber nicht. Darum haben wir daraufhin Experimente mit einer Kombination von Freiflächen und Liegeboxen durchgeführt, wie wir dies hier sehen. Denn in den Liegeboxen sind die rangniederen Kühe geschützt.«

Anet Spengler Neff hat langjährige Erfahrung mit der Beziehung zu Tieren. Früher arbeitete sie viele Sommer mit Kühen auf einer Alp im Muotatal im Kanton Schwyz, heute betreut sie bei sich zu Hause in Arlesheim im Kanton Basel-Landschaft eine kleine Herde Engadinerschafe. Sie sagt: »Ich habe oft das Gefühl, dass meine Schafe gern zahm sind, sie suchen den Kontakt zu mir. Sie kommen von sich aus in meine Nähe und schauen mich an, ganz direkt. Einige mögen es, wenn ich sie ein bisschen streichle, andere nicht.«

Die Bedeutung menschlicher Beziehungen zu den Rindern konnte die Forscherin Silvia Ivemeyer von der Universität Kassel in mehreren Experimenten wissenschaftlich nachweisen:[71] Bei gutem Kontakt sind die Tiere im Allgemeinen ruhiger und fügsamer. Und sie sind gesünder, haben signifikant weniger Eutererkrankungen.

Wohlergehen hat auch viel mit Zucht zu tun. Ich erinnere mich gut: Auf einer Wanderung mit Anet Spengler Neff im Prättigau begegneten wir einer Kuh am Wegrand, die regelrecht ausgehungert aussah. Die Hüftknochen stachen scharf hervor, man konnte fast alle Rippen zählen, das Fell hatte keinen Glanz, doch das Euter war gross und prall gefüllt. Diese Hochleistungskuh bekomme auf der Alpweide nicht genug Nährstoffe, meinte damals Anet Spengler Neff, egal wie viel sie fresse. Sie müsse andauernd so viel eigenes Körperfett für die Milch mobilisieren, dass sie selber zu kurz komme, deshalb sei sie hier fehl am Platz. Denn Hochleistungskühe seien genetisch so ausgereizt, dass sie 40 Liter Milch pro Tag geben müssten, auch wenn das Futter dafür nicht vorhanden sei. Sie seien genetisch dazu gezwungen, auch wenn es dem Körper schade.

Darum sei die Züchtung widerstandsfähiger Rinder, auch für die Tiere selbst, ein wichtiges Thema, bei dem sich das FiBL engagiere. Anet Spengler Neff sagt: »Ich möchte als Zuchtziel Eigenschaften und Verhaltensweisen finden, die im Interesse der Tiere liegen, also zum Beispiel Kühe, die mit dem vorhandenen Futter auf diesem Hof gut zurechtkommen. Darauf möchte ich hinzüchten, um dem Tier zu helfen, dass seine Nachkommen das auch können.«

Das Fachwort dafür sei Bedingungszucht: Man bietet dem Tier eine Umwelt, also eine Bedingung an, einen Hof zum Beispiel, und selektioniert diejenigen Tiere für die Weiterzucht, die am besten mit dieser Umwelt umgehen können. Also keine Selektion auf eine einzelne Eigenschaft, sondern auf eine grundsätzliche Konstitution.

Das Swiss Fleckvieh, das wir hier beobachten, sei ein gutes Beispiel: Robust, genügsam, sie leben von Heu und Gras, erhalten kein Kraftfutter und brauchen kaum je den Tierarzt. Gerhard Hofstetter, der sich mit seiner Frau Anna zu uns gesellt hat, bestätigt dies: »Schaut, diese Kuh hier, sie heisst Berge. Sie ist zwanzig Jahre alt und immer noch gesund. Eine eigenwillige Kuh, gewiss, doch wir haben sie gern.« Und seine Frau ergänzt: »Berge folgt Gerhard überallhin, wohin er auch geht. Die hat sich hier im neuen Stall sofort gut eingelebt.« Zwanzig Jahre alt! – eine Hochleistungskuh wird üblicherweise nach fünf Lebensjahren geschlachtet.

Menschen haben Tiere domestiziert, seit alters her – Rinder, Hühner, Hunde, Schweine.[72] Die eine Seite ist: Der Mensch gibt ihnen Futter, schützt sie vor Raubtieren wie dem Wolf und vor Witterung. Ohne diese Bedingungen wäre das domestizierte Tier zum Tode verurteilt.

»Doch es gibt auch die andere Seite der Medaille«, sagt Florian Leiber. »Wir schützen das Tier nicht nur vor Raubtieren, Hunger und Witterung, wir nehmen ihm auch seine Umwelt und einen grossen Teil seiner natürlichen Verhaltensweisen weg. Wir schneiden die Tiere von ihrem Bewegungsdrang in einer weiten Landschaft ab, wir schneiden sie von ihrem Geschlechtsleben und von einem Teil ihres Soziallebens ab. Wir verwehren ihnen die Aufzucht ihrer eigenen Nachkommen. Wir berauben sie differenzierter Geschmackserlebnisse, ersetzen das durch die Eintönigkeit gutgemischter Alleinfuttermittel mit perfekt designter Nährstoffzusammensetzung. Das grenzt an Tierquälerei.«

Massentierhaltung und Qualzucht sind Auswüchse, die wir hinter uns lassen müssen. Da sind wir uns einig.

Was also, so frage ich die beiden, könnte ein fairer Deal zwischen uns und den Tieren sein?

»Im Biolandbau ist man schon ein Stück in diese Richtung gegangen«, meint Anet Spengler Neff. »In der Schweiz füttern wir an Wiederkäuer kein oder nur sehr wenig Kraftfutter. Die Tiere müssen im Sommer auf der Weide fressen können, an 26 Tagen pro Monat. Einige Abmessungen in den Ställen sind grosszügiger als im Normbetrieb. Alle Jungtiere müssen mit Vollmilch aufgezogen werden.«[73]

Doch auch im Biolandbau gebe es noch viel zu tun. So sollte eine Vielfalt an Heu obligatorisch sein, ebenso die muttergebundene Kälberaufzucht. Ein Stier gehöre in die Herde, und Kühe sollten nicht enthornt werden dürfen.[74] Anet Spengler Neff ergänzt: »Ein wichtiges Thema ist zudem die Hof- oder Weideschlachtung. Das ist seit kurzem in der Schweiz endlich unter bestimmten Umständen möglich. Es erspart den Tieren viel Stress und Angst, wenn sie in der gewohnten Umgebung, bei ihren vertrauten Artgenossen und Menschen, sterben können. Denn wenn wir Tiere halten, sind wir auch für ihren Tod verantwortlich.«

Letztlich geht es um die Frage, was wir den Tieren, die uns im wirtschaftlichen Sinne enorm viel geben, auch zurückgeben können. Ein fairer Deal bedeutet denn vor allem auch, dass wir Haustiere – Rinder, Schweine oder Hühner – mit einem neuen Blick anschauen. Wir müssen versuchen, von den Tieren zu lernen, wie sie gern leben, und diese Einsichten im Rahmen einer zeitgemässen landwirtschaftlichen Tierhaltung dann auch umsetzen.

Verzicht auf Kraftfutter ist wirtschaftlich rentabel

Es lohnt sich in der Schweiz wirtschaftlich für einen Betrieb, möglichst auf Kraftfutter zu verzichten. Nicht nur ökologisch und nicht nur weil es den Kühen dann bessergeht. Das haben Christian Gazzarin und sein Team vom Kompetenzzentrum für landwirtschaftliche Forschung Agroscope untersucht.[75] Sie verglichen 36 ganz unterschiedliche Höfe im Schweizer Mittelland, die ihre Kühe während dreier Jahre jeweils mit viel, mittelviel oder ganz wenig Kraftfutter fütterten. Ohne Ausnahme schnitten die Betriebe wirtschaftlich am besten ab, die möglichst wenig Kraftfutter fütterten: Sie verdienten etwas weniger mit der Milch, hatten dafür aber deutlich weniger Kosten für Kraftfutter, Tierärzte, Arbeitskräfte, Gebäude und Maschinen.

Ist die Kuh ein Klimakiller?

Es stimmt: Kühe, Ziegen und Schafe rülpsen und furzen während des Verdauungsprozesses grosse Mengen an Methan (CH_4), einem Klimagas, das etwa 30-mal schädlicher ist als Kohlendioxid, das aber schneller abgebaut wird als CO_2. Es gibt Stimmen, die deshalb auf einen Verzicht von Weidetieren drängen, um das Klima zu schonen. Doch so einfach ist das nicht. Weidetiere schaden dem Klima nicht nur, sie nützen ihm auch, vor allem in Bergregionen. Das zeigt Anet Spengler Neff in einer Übersichtsarbeit.[76]

Zwei Drittel der Schweizer sowie der weltweiten Landwirtschaftsfläche ist Grasland. Wir Menschen können kein Gras essen, wir können es nicht verdauen. Es braucht Weidetiere, um Gras in wertvolle Proteine, also in Milch oder Fleisch zu verwandeln. Ausserdem tragen Weidetiere auch viel dazu bei, Kohlenstoff im Boden zu speichern: Grasland ist nach den Ozeanen und zusammen mit Wäldern und Mooren der wichtigste Kohlenstoffspeicher der Erde; Grasland speichert im Boden oft noch mehr Kohlenstoff als Wälder. Das Gras wächst, nimmt aus der Luft dank Photosynthese Kohlendioxid auf und fixiert den Kohlenstoff in den Blättern und Wurzeln. Diese gelangen in den Boden und bilden Humus.

»Das ist eine Menge von einer bis zu sechs Tonnen Kohlenstoff pro Hektare und Jahr«, schreibt Anet Spengler Neff. Gras wächst gut, wenn es beweidet wird; es braucht das Gefressenwerden durch Weidetiere. Mit deren Kot und deren Tritt wächst es besser, und wenn es besser wächst, gibt es mehr Humus und speichert mehr Kohlenstoff.[77]
Würden die Berggebiete nicht mehr mit Tieren bestossen, so käme nicht einfach Wald auf. Die meisten Gebiete würden von Grünerlen überwuchert, zum Beispiel die Bergflanken des Urserentals. Grünerlen wachsen rasend schnell, holen Stickstoff aus der Luft und produzieren Lachgas (N_2O), das fürs Klima 300-mal schädlicher ist Kohlendioxid. Nur Ziegen und Engadinerschafe können die Grünerlen zurückdrängen.
Das ist Thema des nächsten Kapitels.
Der Mist von Kühen, Schafen und Ziegen ist ausserdem wertvoller Dünger für eine ökologische Landwirtschaft. Er ist faserig, speichert Wasser und bietet mit seiner grossen Oberfläche Milliarden von Kleinstlebewesen einen Lebensraum (s. Kapitel IX). Der Mist bildet die Voraussetzung dafür, dass sich ein fruchtbarer Humus und somit ein Kohlenstoffspeicher bilden kann.[78] Kunstdünger hingegen versickert sofort im Boden und trägt zur Bodenerosion und zum Kohlenstoffverlust aus dem Boden bei.
Die prächtige Artenvielfalt in Berggebieten ist zu einem grossen Teil tier-, besser weidetiergemacht. Das ist das Resultat eines grossangelegten Forschungsprojekts mit vierzig beteiligten Ländern, das zeigte: Beweidetes Grasland ist artenreicher als unbeweidetes.[79]
Fazit: Natürlich müssen wir weniger Fleisch essen, natürlich gibt es zu viele Kühe, vor allem im Flachland, natürlich dürfen Kühe nicht mit aus Argentinien oder Brasilien importiertem Kraftfutter gefüttert werden, das aus gerodeten Regenwäldern stammt, über den Ozean transportiert wird und eine miserable Klima- und Energiebilanz aufweist. Doch die Klimadiskussion nur auf den Ausstoss von Methan zu reduzieren greift zu kurz. Es geht um das ganze System, um die vielfältigsten, einander beeinflussenden

Beziehungsgeflechte. Wir müssen endlich aufhören, alles isoliert zu betrachten. Das gilt auch für Weidetiere. Ein Weidetier stösst Methan aus, speichert Kohlenstoff im Boden, bereichert die Artenvielfalt, verhindert die Ausbreitung von Grünerlen und somit die Entstehung von Lachgas und gibt uns Nahrung.

Die Alternative ist also eine Landwirtschaft, in der Weidetiere ein gutes Leben haben und mit Gras und Heu und allenfalls auf dem Hof produziertem Futter ernährt werden.[80] So sind sie Teil eines perfekten Kreislaufs: Sie fressen Gras und Heu, was wir Menschen nicht können. Daraus produzieren sie Milch und Fleisch und düngen die Weide, die viel Kohlenstoff im Boden fixiert und die sie nächstes Jahr wieder ernährt – wenn der Kreislauf von vorn beginnt.

VII. WIE ENGADINERSCHAFE DIE BIODIVERSITÄT ZURÜCKBRINGEN

Besuch im Urserental bei Erika Hiltbunner von der Universität Basel

»Wenn ihr euch umschaut, was fällt euch in der Gegend auf?«, fragt Erika Hiltbrunner in die Runde. »Der Wald fehlt«, antwortet eine Frau. Sie ist eine von rund zehn Schafzüchterinnen und -züchtern, die an diesem heissen Augusttag nach Hospental im Kanton Uri gereist sind. Die meisten von ihnen haben der Biologin ihre Engadinerschafe ausgeliehen, heute ist Besuchstag. Dass die Schafe hier im Urserental sömmern, hat auch mit diesem fehlenden Wald zu tun.

Tatsächlich gruppieren sich nur an vereinzelten Stellen der steilen Hänge aufgeforstete Schutzwälder. »Bis vor etwa tausend Jahren war die Region hier bewaldet«, sagt Erika Hiltbrunner. Davon zeugten fossile Hölzer aus dem 11. Jahrhundert, die bei Bauarbeiten zum Vorschein gekommen seien, Stämme von Lärchen und Fichten. »Dann kamen die Walser herüber und haben mit grossflächigen Rodungen das Land zu Weideland gemacht.«

Statt Wald bedecken heute Grünerlen wie ein Teppich die Talflanken. Diese Büsche gab es schon immer in der Gegend, zurückgedrängt in Lawinenrunsen und feuchte Bachbeete. Nachdem der Wald grossflächig gerodet worden war, holzten die Bauern den Busch ab und gebrauch-

Erika Hiltbrunner

ten ihn als Feuerholz. Es entstanden Alpweiden, jedes Jahr kam das Vieh zur Sömmerung. Auch haben sich die Ziegen an der Erle genährt, so konnte die Verbuschung im Zaum gehalten werden. Doch irgendwann hörten die Bauern auf, ihr Vieh auf den steilen Alpweiden zu sömmern. Seitdem breitet sich die Grünerle ungehindert aus. In der Schweiz geschieht das momentan rund drei- bis viermal schneller als beim Wald, was einer natürlichen Wiederbewaldung zuvorkommt, auch Alpweiden werden überwachsen. Im Urserental hat sich die Grünerle seit 1965 verdoppelt. Der Busch wird maximal drei Meter gross und ist jeder Jahreszeit gewachsen. Selbst Lawinen vermögen die Grünerlen nicht zu zerstören, vielmehr bilden die Erlen geradezu Gleitbahnen für Lawinen. Doch das grössere Problem liegt woanders, wie wir bald erfahren sollen.

Auf unserem Spaziergang in Richtung Gamsboden kommen wir der Grünerle immer näher. Noch aber lenkt die Flora am Wegesrand von ihr ab. Obwohl schon Spätsommer, blühen Weidenröschen in leuchtend rosavioletter Farbe, voller Bienen, Wildbienen und anderer Insekten. Auch Silberdisteln, Heidekraut und teils schon verblühte Alpenrosen wachsen hier. Dazwischen Wacholderbüsche mit kleinen blauen Beeren, die etwas bitter schmecken und gut gegen Halsweh sein sollen. Links und rechts ziehen sich die Bergflanken steil in die Höhe. Immer wieder überqueren wir Bäche und die rauschende Gotthardreuss. Bereits für Johann Wolfgang Goethe war es eines der eindrücklichsten Hochtäler des Landes. »Mir ist's unter allen Gegenden, die ich kenne, die liebste und interessanteste«, schwärmte er, als er 1779 durchs Urserental reiste.

Nach etwas weniger als einer Stunde Marsch bleibt Erika Hiltbrunner an einem Hang stehen, reisst eine junge Grünerle aus dem Boden und sagt: »Die Grünerle ist eigentlich ein biologisches Wunder.« Der junge Busch ist etwa einen Meter hoch, die Wurzel biegt sich zu einer Kurve. Bei genauem Hinschauen sehen wir an den Wurzeln überall kleine bräunliche Knöllchen. »Sie sind wie Korallenstrukturen angelegt«, erklärt die Forscherin und bittet uns, näher heranzukommen. »Diese Struktur ist der Grund für den Ärger, den wir hier mit der Grünerle haben.« Sie entsteht durch die Symbiose der Erle mit dem Bakterium *Frankia alni* und ist dadurch in der Lage, den Luftstickstoff in ihren Wurzeln in anorganische Stickstoffverbindungen umzuwandeln. Damit düngt sie sich sozusagen ständig selbst, mit der Folge, dass der Busch extrem schnell wächst, viel schneller als alle anderen Bäume. Nach rund zwanzig Jahren ungehinderten Wachstums bildet sie ein undurchdringliches Dickicht. Unter den Erlenbüschen wachsen nur noch wenige, grossblättrige Pflanzenarten. Damit wandelt die Grünerle artenreiche Wiesen und Weiden in ein eintöniges Dickicht um – und belastet obendrein die Umwelt.

Die Doktorarbeit von Tobias Bühlmann, die er an der Universität Basel schrieb und die Erika Hiltbrunner betreute, zeigte:[81] Die Nitratkonzentrationen im Bodenwasser lagen weit über dem Grenzwert. Das ist besonders heikel, weil diese Bergregion als Wasserschloss der Schweiz gilt, hier befinden sich die vier Quellen des Rheins, der Reuss, der Rhone und des Ticino. Zudem entweiche aus dem Boden unter den Grünerlen Lachgas (N_2O) in die Luft – ein äusserst aggressives Treibhausgas, das sich 300-mal länger in der Atmosphäre hält als Kohlendioxid. Die Grünerle, so grossflächig, wie sie heute in vielen Alpentälern vorkommt, ist also ein Umweltzerstörer.

Das zweite Ärgernis, das der Busch mit sich bringt: Es ist gar nicht so einfach, seiner Herr zu werden. Wer die Grünerle einmal geschnitten hat, weiss, dass sie danach gleich wieder austreibt, und zwar stärker als zuvor. Nur regelmässiges Roden über Jahrzehnte könnte ihr Einhalt gebieten. Doch dafür gibt es nicht mehr genügend Arbeitskräfte in der Region. Es gibt aber auch eine andere Lösung, wie Erika Hiltbrunner entdecken durfte.

Die Biologin war eigentlich nicht wegen der Grünerle vom Baselbiet ins Urserental gekommen. Zusammen mit Christian Körner, Botaniker und emeritierter Professor der Universität Basel, engagierte sie sich ursprünglich für ein anderes Projekt auf der Alpinen Forschungs- und Ausbildungsstation ALPFOR, die auf dem nahe gelegenen Furkapass eingerichtet wurde.

Die Forschungsstation auf dem Furkapass ist in ehemaligen Gebäuden des militärischen Truppenlagers Furkablick auf 2450 Höhenmetern eingerichtet. Auf einer Seite die wilden Granitzacken des Klein und des Gross Furkahorns, auf der anderen Seite die Muttenhörner. Hier, oberhalb des Bergwaldes und nahe den höchsten Alpengipfeln, kommen besonders viele einheimische Blütenpflanzenarten vor. Diese Vielfalt ist wichtig, da sie steile Hänge vor Erosion sichert und so die Täler bewohnbar macht.[82]

»Es ist ein Privileg, hier zu forschen«, sagt Erika Hiltbrunner. »Allein im Umkreis von einem Kilometer, also direkt vor unserer Haustür, findet sich mehr als die Hälfte der gesamten Alpenflora der Schweiz.« 2018 haben Erika Hiltbrunner und Christian Körner die Broschüre *Hotspot Furka* veröffentlicht, in der sie die biologische Vielfalt im Gebirge dokumentieren.[83] Seit Jahren leitet die Wissenschaftlerin zusammen mit ihrem Kollegen die Forschungsstation.

Die Grünerle trat 2008 in Erika Hiltbrunners Leben. Damals wurde sie von der Korporation Ursern eingeladen, ein Kurzreferat zum Thema Verbuschung zu halten. Danach habe der Talammann zu ihr gesagt: »Erika, du bist doch Biologin. Mach doch mal etwas Nützliches, und finde heraus, wie man diese Verbuschung stoppen kann.« Sie wusste damals nicht, wie sehr sie sich diese Aufgabe zu Herzen nehmen würde.

Zuerst wurden in verschiedenen Masterarbeiten die ökologischen Auswirkungen der Verbuschung wissenschaftlich untersucht. Ein Ursner Schafhalter hatte zufällig festgestellt, wie sehr Engadinerschafe die Grünerle lieben. Weil er nur im Nebenberuf Schafbauer war, wollte er pflegeleichte, robuste Schafe und legte sich deshalb Engadiner zu. Er beobachtete, wie gierig diese Schafe auf die Grünerle losgingen – und erzählte Erika Hiltbrunner davon.

Kurz darauf lieh sich die Forscherin fünfundzwanzig Engadinerschafe und betreute einen Masterstudenten der Universität Basel, der auf zweieinhalb Hektar einen ersten Versuch durchführte.[84] Tatsächlich gingen die Schafe wie wild auf die Büsche los und entrindeten sie genüsslich. Es war ein wahrer Erfolg. »Keine Maschine kann die Grünerle erfolgreicher tilgen als die Engadinerschafe«, sagt Erika Hiltbrunner. Die Grünerlen sind im Frühling ganz besonders saftig und zuckrig, darauf sind die Schafe ganz gierig. Durch die Bissverletzungen haben Bakterien und Pilze dann ein leichtes Spiel, und die Erle geht ein. Ähnlich funktionierte das früher mit den Ziegen der Talbauern, nur dass die Engadinerschafe viel pflegeleichter sind als Ziegen. Die Rasse ist robust, fruchtbar und kann allein lammen. Ausserdem hat sie widerstandsfähige Klauen – und ist damit weniger anfällig auf Moderhinke, eine häufige Krankheit bei Schafen.

Erika Hiltbrunner brauchte also mehr Engadinerschafe. Bei der nächsten Schafschau in Uster informierte sie die Züchterinnen und Züchter darüber, dass sie solche Tiere für ein wissenschaftliches Projekt gegen die

Verbuschung suche. Der Bauer und Hirt Remo Christen aus Hospental erklärte sich bereit, sich im Projekt zu engagieren und seine Schafe zur Verfügung zu stellen. Seit dem Frühling 2017 bringen zusätzlich verschiedene Schafzüchterinnen und -züchter ihre Engadiner zu der Wissenschaftlerin nach Hospental. Mittlerweile weiden rund 300 Tiere auf dem Gamsboden beim Gotthardpass.

Heute wollen die Schafzüchterinnen und -züchter schauen, wie es ihren Tieren hier geht. Nach einem rund einstündigen Spaziergang erreichen wir die Parzelle, auf der die Schafe weiden und die bereits zu weiten Teilen abgeschält ist. Ganz oben am Steilhang sehen wir ein breites, saftig grünes Band. »Da waren letztes Jahr noch Erlen«, sagt Erika Hiltbrunner. Seither wurde die Landschaft quasi von den Schafen gesäubert und aufgemacht, Blumen und Kräuter fanden wieder ihren Platz.

Von weitem erscheint die Schafherde im Gamsboden. Es ist beinahe ein biblisches Bild, diese robusten, altklug aussehenden Schafe mit ihren hängenden Ohren und langen Gesichtern. Neugierig beobachten sie die sich nähernde Gruppe. Einige suchen sich blökend ein neues Plätzchen und schupfen sich gegenseitig voran. Vor wenigen Wochen hat Erika Hiltbrunner eine Wildtierkamera aufgestellt, die aufzeichnet, wann sich die Schafe über die Grünerle hermachen. »Die fressen sogar mitten in der Nacht«, freut sich die Biologin. Bisher scheint ihr Plan aufzugehen: Nach drei Sommern zeigten mehr als 40 Prozent der Grünerlenäste Verbissspuren durch die Engadinerschafe. Ein Tier, das für die Natur und unsere Landschaft sorgt und dabei erst noch Freude empfinden

darf – eine wunderbare Lösung, wie es scheint. »Mit Engadinerschafen wollen wir Weideland zurückgewinnen und auch den Boden so vorbereiten, dass wir später Bäume pflanzen können und wieder ein Wald wachsen kann.«

Während wir uns zum Picknick zu den Schafen ins Gehege setzen, erfahren wir von Erika Hiltbrunner mehr über die Widerstände, die das Projekt auch mit sich bringt. Da ist zum einen die anfallende Arbeit. Rund alle zehn Tage wechselt die Parzelle der Schafe, und dann heisst es für Erika Hiltbrunner: umzaunen. Mit Hilfe eines oder zweier Zivildienstleistender und des Bauern Remo Christen steigt sie dann die steilen Hänge hoch und runter und drückt – in unebenem Gelände und zwischen rutschigen Grünerlen – Stickel für Stickel in den harten Boden. Denn nötig ist eine sorgfältige, den Verhältnissen angepasste Weidehaltung, die garantiert, dass die Weiden weder über- noch unternutzt werden. Darum der stetige Wechsel der Weidefläche. Doch ein gutes Herdenmanagement mit Hirten kostet. Das müsste man über die Ökonomie steuern und den Hirtinnen und Hirten mehr Anreize geben, meint die Forscherin. Eine echte Herausforderung – und nicht die einzige: »Einige Bauern haben Angst, ich nehme ihren Kühen das Land weg«, sagt Erika Hiltbrunner. In aller Regel passe sie sich an. »Ich musste lernen, dass es eine klare Hierarchie gibt. Die Schafbauern stehen bei den Bauern zuunterst.«

Dann sind da noch die Jäger. Sie sagten zu Erika Hiltbrunner: Lass die Erle stehen, das ist ein guter Einstand für den Hirsch! Sie befürchteten, das Wild werde sich in den Zäunen verheddern. »Wir hatten zum Glück noch nie einen Zwischenfall mit Wild, jetzt haben sie sich etwas beruhigt.« Einige hätten sogar zugegeben, dass sie die Beute nun einfacher erreichen könnten, seit die Grün-

erle verschwunden ist. »In einem kleinen Dorf herrschen ganz eigene Strukturen«, sagt Erika Hiltbrunner.

Sie, die Wissenschaftlerin, musste zuerst beweisen, dass sie als Frau fähig ist, anzupacken. »Es brauchte viel Zeit, mich hier zu behaupten und mir Gehör zu verschaffen.« Wer sie erlebt, zweifelt nicht im Geringsten daran, dass sie es geschafft hat. Die Forscherin mit der praktischen Schirmkappe und dem Appenzellergürtel tritt selbstbewusst auf und nimmt kein Blatt vor den Mund. Mittlerweile kennt man sie im Tal. Sie selbst wohnt jedoch in Isenthal, rund fünfzig Kilometer von Hospental entfernt, denn: »Ich will die Grünerle nicht jeden Tag sehen.«

In den ersten drei Jahren, in denen sie das Entbuschungsprojekt vorantrieb, hat Erika Hiltbrunner vieles erreicht. Schafzüchterinnen und -züchter leihen ihr ihre Tiere, die Schafe bekommen bei ihr eine Saison lang ihre Leibspeise zu essen und werden eng betreut. Dabei betreiben die Tiere Landschaftspflege und helfen dem Tal so, die Verbuschung zurückzudrängen. Das wirkt sich positiv auf die Umwelt aus und eröffnet die Möglichkeit, dass wieder artenreiche Alpweiden oder natürlicher Wald entstehen können und Bäche nicht überdüngt werden. Nur ein Puzzleteil fehlt noch, um Erika Hiltbrunners Traum zu vervollständigen: Sie möchte das Fleisch der Engadinerschafe auch hier oben im Tal vertreiben und damit die Wertschöpfungskette von der Landschaftspflege bis auf den Teller schliessen. »In den Touristenresorts von Andermatt und anderen Hotels liesse sich das gut vermarkten«, ist sie überzeugt. Lokales Fleisch, das fettarm ist, feinfasrig und nicht böckelt wie anderes Lammfleisch, ausserdem ist es nachhaltiger als jedes hergeflogene Schaf aus Neuseeland.

Doch dann ist da der alteingesessene Metzger, der vor allem sein Fleisch verkaufen will. Solange sich das nicht ändert, vertreibt Erika Hiltbrunner das Fleisch unter Freunden in der Stadt. »Ich schlachte nur so viel, wie ich verkaufen kann«, sagt sie. Ausserdem gehe sie immer mit den Schafen in die Schlachtbox, denn sie ist überzeugt: »Der Moment, der über Leben und Tod entscheidet, das realisieren die Tiere.«

Ein von Schafen abgeschälter Grünerlenast

Noch zwei Jahre ist das Projekt durch Stiftungen finanziert. Bis dahin sollte es selbsttragend werden, unter anderem durch die verkauften Lämmer. »Das wird schwierig«, gibt Erika Hiltbrunner zu. Aber wer weiss, vielleicht findet sich eine andere Lösung. Das Problem der Verbuschung von Landschaften kommt langsam in das öffentliche Bewusstsein. So hat gerade der Kanton Graubünden im Naturpark Beverin ein ähnliches Projekt gestartet und nennt als Vorbild Erika Hiltbrunners Forschung. Denn wer blumen- und kräuterreiche Alpweiden will, muss zuerst gegen die Grünerle ankommen.

Derweil ist die Biologin unermüdlich im Einsatz, als Forscherin, aber auch als Hirtin. Aktuell vermisst sie die Projektparzellen mit einer Drohne, um bildlich aufzuzeigen, wie die Verbuschung durch die Schafe zurückgeht.

Gegen Ende unseres Picknicks werden die Schafe immer zutraulicher. Zwei von ihnen kommen neugierig näher, schnuppern am Rucksack und lassen sich streicheln. Ihr Schädel ist hart, ihr Fell dicht und wollig. Andere sind scheuer und schauen aus sicherer Entfernung zu. Die im Frühling geborenen Schafe sind noch kleiner, springen vergnügt herum und suchen manchmal noch nach Zitzen bei der Mutter. Ein altes Schaf mit weisser Nase zieht unbeeindruckt an uns vorbei, man merkt sein fortgeschrittenes Alter am langsamen und bedächtigen Schritt. Alle Schafe, versichern uns die angereisten Züchterinnen und Züchter, haben natürlich einen Namen. Die kleine Tochter eines Züchterehepaars rennt in die Herde, schaut sich kurz um und erkennt sofort »ihre« Schafe. Auch diese kommen zutraulich auf das Mädchen zu. Während wir beobachten, versucht ein vorwitziges Exemplar uns ein Rüebli zu stehlen. Es scheint, dass auch die genügsamsten Tiere ein bisschen Abwechslung nicht ausschlagen.

Die Wechselwirkung zwischen oben und unten

Unser Blick geht von den Ursner Alpweiden in den Untergrund: Schafe, die auf Alpweiden wieder viele Kräuter und Blumen wachsen lassen, fördern damit auch die schier unermessliche Vielfalt an Bodenlebewesen unter der Erde. Denn dort spielt sich Phantastisches ab – und das ist zentral für jede Art von Vielfalt, für unsere Ernährung, ja für das Leben auf diesem Planeten ganz allgemein.

Unter einem Quadratmeter fruchtbarer Bodenfläche leben meist mehr Organismen als Menschen auf der Erde. Der Boden, insbesondere die Humusschicht, ist wie ein lebendiger Organismus und somit fragil. Für die Entstehung von einem Meter Boden braucht es rund 10000 bis 20000 Jahre. Doch fruchtbare Böden erodieren zunehmend. Allein in der Schweiz gehen jährlich rund 840000 Tonnen Boden verloren. Bodenerosion wird zu einer globalen Gefahr.

Wie ein lebendiger Boden tönt, welche Geräusche die Abermilliarden Bodentiere von sich geben und wie unterschiedlich die Böden klingen, zeigt der Schweizer Klangexperte und Umweltwissenschaftler Marcus Maeder im nächsten Kapitel.

DER BODEN

VIII. DAS GERÄUSCH EINES REGENWURMS BEIM KRIECHEN

Gespräch mit Marcus Maeder, Klangkünstler und Umweltwissenschaftler an der ETH Zürich

Es war im Herbst 2019, als ich mich in meinem Garten auf den Boden kniete und die Metallnadel eines Aufnahmegerätes tief in die Erde unter meine Tomatenpflanzen steckte. Dann setzte ich die daran angeschlossenen Kopfhörer auf und wartete. Ich war enttäuscht. Es war nur ein leises Rauschen zu hören, vielleicht manchmal ein Knacken, doch meistens war es ziemlich still. Doch drei Meter weiter, nebenan im dichten Gestrüpp, tönte es gleich viel interessanter: Ich hörte ein Knacken, Brummen, Klicken, Summen, Rauschen, manchmal laut, dann wieder leise, vielschichtig, in unregelmässigen Abständen.

Wie ich dem Beipackzettel entnahm, waren es die Bewegungs- und Fressgeräusche kleiner Bodentiere: von Milben, Springschwänzen, Spinnen, Regenwürmern, Zweiflüglern, Asseln, Hundertfüssern, Käfern, Ameisen und vielen weiteren. Ich meinte sogar, so etwas wie einen Ruf zu hören und dann, etwas später, einen ähnlichen Ruf von der anderen Seite, vielleicht eine Antwort? Ich weiss es nicht. Im Boden ist es dunkel, aber voller Leben. Da ist es eigent-

Marcus Maeder

lich nicht verwunderlich, dass Tiere auch unter dem Boden miteinander kommunizieren.[85] Das Abhören des Bodens war ein Ausflug in eine andere, mir fremde Welt. Obwohl sie direkt unter meinen Füssen liegt, in meinem kleinen Garten.

Möglich machte diesen Ausflug Marcus Maeder. Das, was er als Künstler und als Wissenschaftler betreibt, nennt er akustische Ökologie: Er belauscht die Geräusche im Boden, die er mit seinem speziell konstruierten Aufnahmegerät etwa tausendfach verstärken kann. Der neunundvierzigjährige Klangkünstler und Komponist elektronischer Musik möchte mit einem Projekt diese wundersamen unterirdischen Klangwelten einem breiteren Publikum nahebringen. Als Umweltwissenschaftler an der ETH Zürich untersucht er, ob akustische Bodenmessungen etwas über die Gesundheit und Fruchtbarkeit von Böden aussagen können und ob sich daraus gar ein Monitoringwerkzeug entwickeln liesse. Das hat noch keiner vor ihm gemacht.

Das Projekt, an dem ich beteiligt war und das er zusammen mit Biovision, der Stiftung für ökologische Entwicklung (s. S. 249, Anm. 177), konzipiert hat, basiert auf Citizen Science und nennt sich »Sounding Soil«.[86]

Man konnte sich bei der Stiftung ein Aufnahmegerät für eine Woche ausleihen, um seinem eigenen Boden zu lauschen. Alle Messungen sollten später zusammengetragen werden. Das liess ich mir nicht entgehen und bestellte eines; wenig später kam per Post ein Paket mit einem Aufnahmegerät, einem Sensor mit Metallnadel und einem Kopfhörer. Die Nadel funktioniert wie eine Antenne und fängt die akustischen Schwingungen auf, die es im Boden gibt. So werden die unterirdischen Töne verstärkt.

Zum Projekt »Sounding Soil« gehört auch eine Klangkarte. Im Sommer 2017 hatte Marcus Maeder Tonaufnahmen von über dreissig verschiedenen Böden in der ganzen Schweiz gemacht, in Kooperation mit der Zürcher Hochschule der Künste ZHdK, der ETH Zürich, der Eidgenössischen Forschungsanstalt für Wald, Schnee und Landschaft WSL und der Forschungsanstalt Agroscope. Bei jeder Tonaufnahme nahmen die Forscher und Forscherinnen zudem eine Bodenprobe von 30 Zentimeter mal 30 Zentimeter, extrahierten die Bodentiere und bestimmten sie taxonomisch. So konnten sie untersuchen, ob die Vielfalt der Bodengeräusche mit der Anzahl und Verschiedenartigkeit der Tiere übereinstimmte. Das Resultat kann man sich auf der Website soundmap.soundingsoil.ch anhören. Es erscheint eine Schweizerkarte mit weissen Punkten, jeder Punkt mit einer Klangaufnahme von diesem speziellen Ort. Dort tönt eine Alpenwiese mit vielen Blumen und Kräutern im Wallis erstaunlich vielfältig, noch viel reichhaltiger als das Geräusch unter dem Gestrüpp in meinem Garten. In einem Zuckerrübenfeld im Fricktal hingegen ist es ziemlich still. Man hört nur ein leises Rauschen, möglicherweise vom Wind. Eine Wiese im Tessin liegt klangmässig irgendwo in der Mitte.[87, 88] Was auffällt: Je intensiver der Boden bewirtschaftet wird, desto leiser ist es dort.

Können also solche akustischen Messungen auch wissenschaftlich etwas über den Zustand der jeweiligen Böden aussagen? Über die Vielfalt der Tiere dort unten? Über die Fruchtbarkeit des Bodens? »So weit sind wir noch nicht«, sagt Marcus Maeder. »Denn eigentlich vergleichen wir bei diesen Bodenproben Äpfel mit Birnen. Es sind bloss kurze Momentaufnahmen, die statistisch nicht viel aussagen.« Was fehle, sei die zeitliche und räumliche Dynamik: Am Morgen töne ein Boden anders als am Mittag oder in der Nacht, und auch das Wetter, der Wind und das Klima beeinflussten das Verhalten und die Aktivität der Bodentiere.[89, 90] Um mehr herauszufinden, brauche es Langzeituntersuchungen in einer klar definierten Versuchsanlage.

Diese Bedingung fand Marcus Maeder auf dem DOK-Versuchsfeld im basel-landschaftlichen Therwil. DOK steht für (Biologisch-)Dynamisch – Organisch – Konventionell. Seit vierzig Jahren bewirtschaften Forscherinnen und Forscher des Forschungsinstituts für biologischen Landbau (FiBL) einen Drittel des Feldes biologisch-dynamisch, einen Drittel biologisch und einen Drittel konventionell. Auf den drei Testfeldern werden jeweils die gleichen Kulturen gepflanzt – dieses Jahr sind es Mais, Weizen und Kunstwiese. Es gibt inzwischen zahlreiche wissenschaftliche Studien zum DOK-Versuch, zum Beispiel zur Anzahl Regenwürmer, Pilzfäden (Mykorrhizen)

Ein weisses Unterhemd von Günter, meinem Mann, drei Monate lang im Garten vergraben und von Millionen Bodentieren bearbeitet. Je aktiver die Bodenlebewesen sind, desto stärker und schneller verrottet ein Hemd

oder zur Bodenstruktur.[91] Neu wird nun die Akustik in den drei DOK-Feldern untersucht.

*

Ein Besuch vor Ort. Es ist Spätsommer und heiss. Der Weizen ist bereits geerntet, der Mais auf allen drei Feldern steht hoch, mit Blättern, deren Enden oft schon gelb sind, die dicken Maiskolben mit ihren Haarbüscheln sind fast reif. Ihre Blätter rascheln bei jedem Windstoss.

Auf dem schmalen Grasstreifen, der das biologisch-dynamische Maisfeld vom konventionellen trennt, hat Marcus Maeder seine Installation aufgestellt: eine kleine schwarze Kiste mit einem Computer, der von einer Solarzelle Strom bezieht. Vom Computer führen Kabel in beide Felder. Sie sind mit Sensoren verbunden. Diese bestehen aus einem Kontaktmikrofon mit Vorverstärker und einer aufgelöteten Metallnadel. Drei Sensoren stecken im Boden und einer in der Luft, damit der Klangforscher jederzeit weiss, welche Geräusche aus dem Boden kommen und welche aus der Luft.

Neben der Computerkiste steht eine kleine Wetterstation, die Daten über die mikroklimatischen Bedingungen vor Ort liefert. An Stangen sind zwei Kameras installiert, die jede Minute ein Bild machen. »So kann ich jederzeit von meinem Büro in Zürich die Wetterbedingungen kontrollieren, und ich höre und sehe, was im Feld und unter dem Boden los ist. Ist es starker Wind, der die Tonaufnahmen stört? Regen? Oder gar ein Tier?«,[92] sagt Marcus Maeder.

Heute ist er hier auf dem DOK-Feld in Therwil, weil ein Sturm vor zwei Tagen möglicherweise einige Sensoren beschädigt hat. Oder sie sind verrutscht. Er geht sie suchen, schlägt sich gebückt unter dem dichten Blätterdach des biologisch-dynamischen Maisfeldes durch, schiebt Blätter

Marcus Maeder und Florianne Koechlin zwischen den beiden Maisfeldern, deren unterirdische Tierwelt der Wissenschaftler belauscht. Im Hintergrund Computer, Wetterstation und Kameras

auseinander, bis er einen Sensor findet. Er steckt ihn neu ein, verpackt ihn in schwarzes Plastik, damit kein Wasser hineinkommt. Auch die anderen Sensoren platziert er neu. Danach checkt er seinen Laptop – und ist nicht zufrieden. Etwas stimmt immer noch nicht. Er geht nochmals los – endlich: Ein durchschnittenes Kabel ist die Ursache. Marcus Maeder tauscht es aus, und wir setzen uns auf zwei Plastikkanistern neben seine Installation. Ob er einzelne Bodentiere anhand ihrer Geräusche identifizieren könne?

»Schwierig«, antwortet Maeder. »Doch mittlerweile erkenne ich zum Beispiel den Regenwurm, wenn er sich durch seine Röhren bewegt – es sind so tieffrequente Kriechgeräusche, aber die sind im allgemeinen Getöse nur sehr schwer zu hören.«

Andere Tiere? »Ameisen sind eigentlich am einfachsten zu hören. Wenn ich eine Nadel in den Boden stecke, kommen sie als Erstes, schauen neugierig und beissen mit ihren Zangen hinein. Das gibt so deutliche, laute Knackgeräusche. Auch Springschwänze kann ich gut identifizieren, weil sie wegspringen, wenn ich eine Nadel einstecke. Das sind viele kleine, hochfrequente Klickgeräusche.«

Noch sei man aber weit davon entfernt, alle Arten akustisch bestimmen zu können. Das Audiosystem macht eine Art akustischen *time-lapse.* Es nimmt alle 10 Minuten die Geräusche für 20 Sekunden auf, das gibt pro Tag 144 Audiofiles. Anhanddessen untersucht Marcus Maeder statistisch, wie viele verschiedene Geräusche in einer Aufnahme enthalten sind, und zählt diese. Am Schluss gibt das einen Hinweis darauf, wie viele verschiedene Bodentiere es an diesem Ort gibt.

Das Verfahren kenne man schon länger, wie Marcus Maeder erzählt. So werde die Biodiversität in einigen Naturschutzgebieten in der Luft akustisch überwacht, das heisst, die Geräusche von Vögeln und anderen Tieren werden aufgenommen und statistisch ausgewertet. Das sei deutlich einfacher, als wenn viele Leute im Feld die Artenvielfalt über Beobachtung oder Einsammeln von Insekten und anderen Tieren bestimmen müssten.

Marcus Maeder hofft, dass ihre akustischen Werte ein guter Indikator für Bodengesundheit sein können, denn: »Die Tiere, die man hört, sind für den Bodenaufbau zentral. Sie zersetzen die Streuschicht, also alles, was an organischem Material auf den Boden fällt. Danach kommen andere Organismen und fahren mit der Umsetzung fort;

Pilze, Bakterien, Kleinstlebewesen. Mit der Zeit entsteht dadurch fruchtbarer Boden.«

»Können Sie jetzt schon einen Unterschied zwischen dem biologisch-dynamischen und dem konventionellen Feld feststellen?«, will ich von Marcus Maeder wissen.

»Dazu ist es noch zu früh, die Auswertung der Daten dauert noch einige Monate. Ich glaube aber, es sind vor allem zwei Faktoren, die den Reichtum unter dem Boden bestimmen: die Pflanzendecke und die Bodenbearbeitung. Alles deutet darauf hin, dass der reichhaltigste Sound von Böden kommt, auf denen die grösste Vielfalt an Pflanzen wächst, und auch von Böden, die nicht oder nur sehr schonend bearbeitet werden.«

»Und wo bleibt bei diesem Experiment der Künstler Marcus Maeder?«

»Schon von Beginn weg habe ich mir vorgenommen, aus den Videoaufnahmen vom wachsenden Mais eine künstlerische Installation zu machen. Bei mir sind das keine getrennten Bereiche, dass ich hier Wissenschaft mache und dort Kunst. Ich vermische das laufend und sehr bewusst. Ich denke diese Dinge gleichzeitig. Ich glaube, es ist diese Unbestimmtheit, die fruchtbar ist. Man fragt sich: Ist das jetzt Wissenschaft oder Kunst, das ich hier sehe oder höre? Das öffnet, so hoffe ich, einen neuen Raum, in dem man Dinge etwas unvoreingenommener wahrnehmen kann. Einen Raum, der diese Lebendigkeit und Vielfalt unter und über dem Boden unmittelbar erfahrbar macht.«

Wie tönt eine durstige Föhre?
»trees – Ökophysiologische Prozesse hörbar machen«[93] heisst das Projekt, mit dem Marcus Maeder 2015 zusammen mit einem Pflanzen-Ökophysiologen, einem Elektroingenieur und verschiedenen Programmierern die Stressgeräusche einer an Trockenheit leidenden Föhre hörbar machte und daraus eine multimediale Installation erschuf. Von der Föhre, die an einem Berghang im Unterwallis steht, sind Saftflussgeräusche und Kavitationspulse hörbar. Diese entstehen, wenn der Baum bei intensivem Sonnenlicht stark transpiriert, aber bei Trockenheit zu wenig Wasser aufnehmen kann. In der Folge reisst die Wassersäule in einzelnen Leitgefässen; die Gefässe füllen sich schlagartig mit Gasen. In der Installation sieht, hört und spürt man förmlich, wie diese Föhre durstet. Die Klimaerwärmung setzt dem Föhrenwald stark zu; er ist in dieser Gegend vom Aussterben bedroht.
Die Installation hatte grossen Erfolg. 2015 hatte der französische Präsident François Hollande Marcus Maeder mit seiner Installation an die UNO-Klimakonferenz COP 21 in Paris eingeladen.

IX. KUHFLADENPOLITIK – ODER WIE PILZE UNSERE WELTSICHT HERAUSFORDERN

Gespräch mit der australischen Pilzexpertin Alison Pouliot

Die Australierin Alison Pouliot ist Biologin; ihre Passion gilt den Pilzen und der versteckten Welt unter und über dem Boden. Ihr wunderbares, reichbebildertes Buch *The Allure of Fungi*[94] (»Der Zauber der Pilze«) hat mich auf ihre Spur gebracht. Für ihr Werk wurde sie zum Honorary Fellow der Australian National University ernannt. Auf einem Spaziergang im schweizerischen Jura, oberhalb der Stadt Biel, erzählt sie, wie Pilze sie dazu angeregt haben, unsere belebte Welt mit anderen Augen anzuschauen.

Ein Kuhfladen auf einer Weide. Frisch, saftig, gross und von einem satten Braun. Wir knien uns daneben nieder. »Ein ökologischer Miniaturkosmos«, sagt Alison Pouliot, eine grosse, schlanke Frau in grünen Jeans. Winzige Insekten und grössere Fliegen schwirren um den Fladen. Aus einem Loch krabbelt ein kleiner Käfer und verschwindet gleich wieder. Pilze – der Grund, warum wir hier sind – sehen wir keine. »Dabei birgt dieser Fladen bereits Myriaden Pilze«, sagt die Biologin. Allen voran Ascomyzeten, winzige Schlauchpilze, von Kennern liebevoll Ascos genannt. Der Fladen sei dann oft getüpfelt mit orangen Punkten wie ein Geburtstagskuchen.

Alison Pouliot

Eine »Fladenlandschaft« *(dung scape)* ist für Lebewesen aller Art hochattraktiv, reich an Nährstoffen, an Grasresten und Samen, die die Kuh nicht verdauen konnte, und an Fragmenten roter Blutkörperchen oder Gallenpigmenten. Da flattern, klettern oder kriechen Armeen unterschiedlichster Tiere im und auf dem Fladen herum: Blatthornkäfer, Wasserkäfer, Dungkäfer und unzählige weitere Käferarten; Schmeissfliegen, Goldfliegen oder gelbe Dungfliegen. Die Dungfliegen wiederum attackieren andere Fliegen und werden selber von Kotfliegen gefressen. Daneben unzählige Bakterien, Springschwänze, Milben, Tausendfüssler oder Würmer. Viele Vögel finden auf einem Kuhfladen ohne grosse Anstrengung einen gedeckten Tisch, eine Fülle von Maden, Insekten und Käfern. Für Vögel sind Kuhfladen ein Festessen.

»Kuhfladenpolitik ist höchst volatil«, sagt Alison Pouliot und erklärt: »Konkurrenz und Kooperation geschehen auf verschiedenen Ebenen, und jede Art hat ihre eigenen Überlebensstrategien. Auch Pilze. Da werden kleine Würmer von Pilzen stranguliert und dabei in ein Arsenal von Pilzfäden verwickelt, die sich als klebrige Netze entpuppen, als sich zusammenziehende Ringe und Leimfallen. Einige Pilze greifen die Pilzfäden ihrer Rivalen an, deaktivieren diese physisch oder lösen sie gar mit starken Chemikalien auf – das nennt sich Hypheninterferenz. *Coprinus*-Pilzarten sind bekannt dafür, gegenüber anderen Pilzen, die in ihr Territorium eindringen, besonders wehrhaft zu sein, und sorgen meist für deren schnelle Elimination. Am Ende der pilzlichen Abfolge im Kuhfladen gewinnt meistens *Coprinus.*«

Keine zwei Meter neben unserem frischen Fladen liegt ein alter Kuhfladen, schon grau und gespickt mit vielen kleinen und grossen Löchern. Eine Hälfte ist bereits fast ganz abgebaut. Der sei wohl nur ein paar Tage alt, meint Alison Pouliot.[95] Die Dungbewohner bauen alle komplexen Bestandteile zu einfachen Nährstoffen ab; Nährstoffe für den Boden, für Gräser und Blumen, die dann von den Kühen gefressen, verdaut und ausgeschieden werden – der Kreislauf beginnt von vorn.

Pilze, sagt Alison Pouliot, könnten sich auf zwei Arten ernähren: Eine Gruppe baut Materie ab, also organisches Material, Blätter oder Holz. Zu dieser gehören etwa unsere Pilze im Kuhfladen oder auch Champignons und viele andere.[96] Die andere Pilzgruppe braucht die Hilfe von Pflanzen, um sich zu ernähren; es sind die Mykor-

Ein belebter Kuhfladen

Kuhfladen, bereits abgebaut, wahrscheinlich ein paar Tage alt

Kuhfladen ernährt den Langstieligen Düngerling *(Panaeolus acuminatus)*

Kuhfladen – ein wertvoller Dünger in Andhra Pradesh (s. Kapitel XII)

rhizapilze, wie etwa Steinpilz, Bovist, Eierschwamm oder auch der Fliegenpilz. Ihre Pilzfäden verbinden sich mit den Wurzelhaaren von Pflanzen zu einer engen Symbiose. So erhalten die Pilze Zuckerverbindungen von den Pflanzen, und sie liefern diesen Nährstoffe und Wasser.[97]

Wir überqueren die Weide, und ich frage die Biologin, was sie an Pilzen so fasziniere. »Was wir von Pilzen sehen, die Fruchtkörper, ist nur ein winziger Teil des ganzen Pilzes. Der grösste Teil versteckt sich unter dem Boden: ein dichtes Netz feinster Fäden, die sogenannten Hyphen. In diesen Fäden schwimmen Hunderte, ja Tausende von Zellkernen in einem gemeinsamen Zytoplasmameer herum. Die Hyphen sind unglaublich dynamisch, sie bilden ganze Netzsysteme.« Diese Hyphen, von denen Alison Pouliot spricht, sind mit blossem Auge nicht sichtbar, sie sind fünfmal dünner als ein Haar. Am besten kann man sie auf YouTube-Filmen beobachten.[98] Da fliessen violett eingefärbte Zellkerne mit grosser Geschwindigkeit durch die röhrenähnlichen Hyphen, andere wiederum gemächlich langsam, in verschiedenen Richtungen; Hyphen verschmelzen miteinander, verzweigen sich wieder, kreuzen sich, es bilden sich Abkürzungen, und manchmal bildet sich ein Stau – ein wohlgeordnetes Durcheinander. Hyphen können sich auch spezialisieren. So bestehen die Fruchtkörper[99] – also auch der Teil der Pilze, den wir so gern essen – aus Hyphen, die sich verfilzt haben. »Dieses riesige Knäuel, ein Gespinst von unglaublicher Dynamik und Vielfalt, von Verwicklungen, Wechselbeziehungen, Kreisläufen, ermöglicht uns eine andere Sicht auf die Welt«, sagt Alison Pouliot.

Eine andere Sicht auf die Welt? »Wir sind es gewohnt, ein Lebewesen erst zu identifizieren und zu katalogisieren – doch bei Pilzen funktioniert das nicht so recht. Wir können sagen: Ein Pilz ist kein Tier. Ein Pilz ist keine Pflanze. Ein Pilz ist ein Pilz. Er ist etwas zwischendrin und doch ganz eigen. Er ernährt sich wie ein Tier, und wie Insekten gibt ihm die harte Substanz Chitin Struktur. Und wie eine Pflanze kann er sich nicht fortbewegen. Auch bei der Fortpflanzung wird's schwierig. Pilze passen nicht in das Schema männlich/weiblich. Ein Pilz kann mal ›männlich‹, mal ›weiblich‹ sein, und es gibt viele verschiedene Kreuzungstypen dazwischen. Immer wieder dieses Zwischendrin.«[100]

»Und wie organisiert sich ein Pilz, ein solches ›Zwischendrin‹?«

»Gute Frage. Es gibt keine zentrale Planung, keine Führung, und trotzdem entsteht ein organisiertes Ganzes. Wahrscheinlich funktioniert ein Bienenschwarm oder ein Termitenbau ganz ähnlich.«[101]

Wir gelangen ans Ende der Weide. Alison Pouliot fährt fort: »Wenn die Biologie einen anderen Weg zum Verständnis der Natur gegangen wäre – einen Weg, der Interaktionen und Wechselbeziehungen gleich gewertet hätte wie individuelle Identitäten –, dann würden wir die Welt heute anders sehen: die Natur nicht als ein System von separierten und katalogisierten Lebewesen, sondern als System von Beziehungen, von Prozessen, wo die flüssige, sich ständig ändernde Natur der Lebewesen und ihrer Umgebung eine wichtige Rolle spielt. Wie das Netzwerk eines Myzels. Das ist es, was mich am meisten fasziniert.«

Natürlich brauchten wir die Taxonomie, um Pilze zu identifizieren und auseinanderzuhalten.[102] Etwas als anders zu erkennen und es zu benennen gebe ihm Bedeutung. »Ich frage mich bloss, warum das Identifizieren und Katalogisieren immer im Zentrum stand und historisch das Erkunden von Beziehungen und Prozessen so stark überschattet hat. Ich möchte zeigen, wie diese enge Sicht der Natur ergänzt werden muss.«

Sie selber versuche, sich aus dem Blickwinkel von Pilzen auf die Dynamik natürlicher Systeme einzulassen. Manchmal würden ihr Leute sagen: Oh, du bist diese Pilzkennerin, wie kannst du dich nur auf eine einzige Art spezialisieren, ist das nicht langweilig? »Doch so sehe ich mich nicht. Für mich geht es darum, wie wir über alles Leben nachdenken sollten. Pilze sind der Leim für das, was in unserem limitierten westlichen wissenschaftlichen Denken gefehlt hat. Das erfordert ein Um-Denken, ein Neu-Denken.«

Ein Um-Denken und Neu-Denken also, das darin besteht, dass wir Pilze, Pflanzen, ja alle Lebewesen nicht als mehr oder weniger isolierte Organismen betrachten, die immerzu um Ressourcen konkurrieren, sondern als hochvernetzte, sich ständig neu organisierende Teile eines grossen Ganzen, von dem auch wir Teil sind.

Bevor wir die Kuhweide verlassen, graben wir mit der Hand etwas Erde aus: Sie riecht herb und sonnenwarm. Im Boden einer solchen Weide leben vor allem Bakterien, aber auch viele Pilze, »eine gute Mischung«, sagt Alison Pouliot. Pilze seien für die Architektur des Bodens von zentraler Bedeutung. Die Hyphenfäden binden die Erdteilchen und belüften die Erde. Und wo Sauerstoff hinkommt, können Würmer und viele andere Organismen leben. Auch Wasser kann versickern und sachte durch den Boden in die Tiefe tröpfeln. Die Pilzfäden dringen bis in die feinsten Bodenporen und durchwachsen den Humus, wo sie viele Nährstoffe aufnehmen.

Auf dem Weg zum nahen Wald überqueren wir einen grossen Parkplatz und stehen auf einem schmalen Streifen Land; zwei Bäume, ein bisschen Gras, eingequetscht zwischen parkierten Autos und einer Landstrasse: ein trostloser Ort. Nicht so für Alison Pouliot. Sie entdeckt gleich einen Pilz, hält ihren kleinen Spiegel mit Lampe unter den Pilzmantel und betrachtet die Lamellen auf der Unterseite, auf diese Weise muss sie ihn nicht verletzen. Es ist ein Täubling (Röhrling). Sie schnuppert an ihm, zieht den Geruch geniesserisch ein. Sechs Meter davon entfernt nochmals ein Täubling. »Sehr wahrscheinlich gehören beide Fruchtkörper zum gleichen Pilz«, sagt sie, »und wir stehen hier auf seinem ausgedehnten unterirdischen Hyphennetz.«

Sie schaut sich um und entdeckt auf der Rinde eines der beiden Bäume üppig wachsende Flechten und ein Moos. Diese Flechte hier, und sie kommt ins Schwärmen, sei weder Pilz noch Pflanze, sondern beides zusammen – eine Jahrmillionen alte Symbiose zwischen den Partnern Alge und Pilz, von denen beide profitieren. Die Alge kann aus Sonnenlicht und Kohlendioxid Zuckerverbindungen herstellen – dank der Photosynthese. Davon gibt sie dem Pilz ab. Der Pilz sucht mit seinen dünnen Hyphen nach Nährstoffen und Wasser. Was der einen fehlt, hat der andere.

Zwischen Parkplatz und Strasse: Ein Täubling breitet sich aus …

… und Flechten und Moose konkurrieren auf einem Baumstamm

Symbiosen sind überhaupt eines ihrer Lieblingsthemen. »Symbiosen wurden in der Biologie lange Zeit als Anomalie betrachtet, doch nun erkennt man langsam ihre fundamentale Bedeutung, ihre Allgegenwart in der Evolution. Sie ermöglichen auch Innovation. Ich kann mir kein Lebewesen vorstellen, das nicht auf Symbiosen angewiesen ist. Die allermeisten Pflanzen bauen auf Symbiosen für ihr Überleben, auf eine Symbiose mit Pilzfäden zum Beispiel. 90 Prozent aller Pflanzenarten sind auf eine Partnerschaft mit Mykorrhizapilzen angewiesen. Und Flechten sind Extrembeispiele solcher Symbiosen.« Doch nicht nur Symbiosen spielen eine Rolle, sondern auch Konkurrenz. Das sehen wir gleich auf diesem Baumstamm. Neben der Flechte spriesst Moos. Beide konkurrieren um Platz und Licht. Kooperation und Konkurrenz – beides gehört zum Leben.

Wir überqueren die Landstrasse, gelangen in den Wald, einen schönen Mischwald mit Haseln, Föhren, Buchen, Fichten und einigen Eschen. Alison Pouliot bleibt nach ein paar Schritten stehen, weist auf einen alten, schon ziemlich verrotteten Baumstrunk. Sie steckt einen Finger in den morschen Teil des Strunks, entnimmt etwas von den feuchten Krümeln im Innern und zerreibt es zwischen den Fingern. Es riecht stark nach Pilz.[103] »Die Pilze braucht es, um das Holz zu verflüssigen und für die Pflanzen wieder als Humus verfügbar zu machen.« Meistens rede man nur von Produzenten und Konsumenten. Produzenten sind Pflanzen, die mit Photosynthese Zuckerverbindungen produzieren. Konsumenten sind Tiere und Menschen. Wir konsumieren Pflanzen und Tiere. »Doch niemand erwähnt die Wiederverwerter, die Umwandler, die Recycler«, sagt Alison Pouliot. »Die sind aber immens wichtig.« Sie brechen alle organische Materie herunter, bauen sie zurück zu ihren Bestandteilen, und Pflanzen können sie wieder gebrauchen. Da ist er wieder, der ewige Kreislauf.

Auch hier im Wald fordert mich Alison Pouliot auf, etwas Erde zu nehmen und daran zu schnuppern. Mir begegnet ein voller, herber, modriger, pilziger Geruch, ein unglaublich reichhaltiges Duftbouquet. »Bei der Musik würde man sagen: Es sind viele Noten zusammen«, sagt meine Begleiterin. Es ist ein anderer Geruch als die Weidenerde, denn dieser hier kommt vor allem von Pilzen und ihren Hyphen. Zwei Schritte weiter, und die Biologin entdeckt einen grossen, etwa 30 Zentimeter hohen Parasolpilz; sie streichelt seine Oberfläche zärtlich, fast andächtig: »So samten, so weich.« Das erinnere sie immer an das Fell des Hundes einer Freundin, zwischen den Augen, dort, wo es sich besonders samten anfühlt. Am nächsten Tag, sagt sie, werde dieser Parasolpilz be-

Parasolpilz

reits am Verwesen sein. Und schon entdeckt sie eine Gruppe Schirmlinge, von einem tiefblauroten Aubergine, klein und zierlich, sie riechen nach scharfem Rettich. Ich hätte sie nicht bemerkt. Alison Pouliot ist mir immer zwei Schritte voraus, und es fällt leicht, sich von ihrer Leidenschaft und Begeisterung anstecken zu lassen. Ein paar Schritte weiter fordert sie mich auf, die kleinen Holzkeulen, die um einen Baum herum wachsen, anzufassen; sie fühlen sich erstaunlich zäh und biegsam an, auf der Innenseite sind sie weiss. Immer wieder ermuntert sie mich, genau zu beobachten, zu schnuppern, zu riechen, zu betasten, manchmal gar zu lecken, zu probieren, in die Stille hineinzuhorchen, mit allen Sinnen wahrzunehmen. »Ich könnte mich hier sehr gut einen ganzen Tag auf der Fläche eines Wohnzimmers vertun – es gibt so viel zu entdecken!« Das glaubt man ihr gern. Und spürt dabei, dass Pilze allgegenwärtig sind. »Sie sind die Vermittler, die *in-betweens.* Dieses Knäuel von Beziehungen ist zentral für das Leben und die Evolution«, sagt Alison Pouliot und kniet schon vor dem nächsten Pilz nieder.

Zurück in Biel, auf dem Bahnhofplatz: Da steht eine riesige, chaotische Holzkonstruktion aus roh zusammengefügten Brettern und Pressholz, ein überwältigendes, phantastisches Kunstwerk von Thomas Hirschhorn zu Ehren des Schweizer Schriftstellers Robert Walser. Begehbare Stege, Treppen, kleine Räume, offene Plätze mit zerschlissenen Sofas, besucht von Kindern wie alten Leuten. Die Holzplanken mit Zitaten von Robert Walser übermalt, wie Graffiti. Ineinander durcheinander übereinander nebeneinander. Etwas benommen schaue ich dem munteren Treiben zu, bei Bier und einem ghanaischen Gericht. Und Alison Pouliots Faszination für die anarchische Welt der Pilzgeflechte scheint auf einmal gar nicht so abwegig zu sein.

Ökosystem Kuhfladen

Die Tierärztin und Buchautorin Anita Idel schreibt: »Ein Rind von etwa 500 kg produziert etwa 10 Tonnen Dung pro Jahr, was wiederum die Biomasse von mehr als 100 Tonnen Insekten pro Jahr unterstützt – Futter, das für biologische Nahrungsketten und Biodiversität benötigt wird.«[104]

Das grösste bekannte Lebewesen ist ein Pilz

Der Riesenhallimasch im Malheur National Forest in Oregon (USA) erstreckt sich über 9 Quadratkilometer (mehr als 1200 Fussballfelder). Er ist um die 2400 Jahre alt. Der grösste Hallimasch Europas ist etwa 800 Meter lang und 500 Meter breit. Er lebt im Schweizerischen Nationalpark im Unterengadin.

Ein Vielfachwesen namens Flechte

Eine Flechte, also eine Vielfachgemeinschaft zwischen Alge und Pilz, führt zu ganz neuen Eigenschaften. Viele Flechten sind ausserordentlich zäh, sie ertragen Trockenheit, Hitze oder Frost weit besser als Pflanzen. Manche können auf nacktem Felsen, Eis oder korrodiertem Metall wachsen. Und sie wachsen extrem langsam. Johann Brandstetter und Josef H. Reichholf schreiben in ihrem schönen Buch *Symbiosen. Das erstaunliche Miteinander in der Natur:* »Produktion des Algenpartners und Verbrauch durch den Pilzpartner gleichen sich fast vollständig aus. Als Lebewesen haben sie ein langfristig dauerhaftes Gleichgewicht mit ihrer Umwelt erreicht. [...] Ganz anders die Pflanzen. Sie wachsen ungleich schneller und stärker als die Flechten. Wachsen bedeutet bei ihnen Zuwachs, Zunahme an Masse. [...] Pflanzen allein können gar nicht ins Gleichgewicht mit ihrer Umwelt kommen. Sie würden wachsen, bis sie sich selbst mit ihrem Wachstum ersticken, wenn sie nicht entsprechend verzehrt, genutzt, zurückgestutzt würden.«[105]

Wir sind viele

Neue genetische Untersuchungen bestätigen die zentrale Rolle, die Symbiosen mit Bakterien am Anfang der Evolution von Tieren und Pflanzen spielten. Die Mitochondrien in tierischen und pflanzlichen Zellen, also die »Kraftwerke« und Energielieferanten einer jeden Zelle, entstanden durch Symbiosen mit einem Bakterium, das bereits aus Sauerstoff und Zuckerverbindungen Energie herstellen konnte, und einem Einzeller. Auch die Fähigkeit von Pflanzen, Photosynthese zu betreiben, geht auf eine Symbiose mit Bakterien zurück. Bakterien, die bereits Zuckerverbindungen aus Sonnenlicht und Kohlendioxid herstellen konnten, verschmolzen mit Zellen und bildeten erste Chloroplasten, die pflanzlichen Zellen, in denen die Photosynthese stattfindet. Alle komplexen Lebensformen sind die Folge enger Symbiosen mit Bakterien.[106]

In einem Pilz kommunizieren alle Teile miteinander – aber wie? Entfernte Regionen des grossen unterirdischen Pilzmyzels werden vor Gefahren gewarnt oder auf neue Nahrungsquellen hingewiesen, quer durch das ganze Pilznetzwerk hindurch. Verletzte Teile des Myzels informieren andere Regionen, wichtige Mitteilungen werden ausgetauscht.
Doch wie ist das möglich, ohne Gehirn, ohne zentrale Führung? Wie weiss ein Teil des weitverzweigten Myzels, was andernorts passiert? Wie verbinden die Hyphen eine Wahrnehmung, zum Beispiel eine Verletzung, mit einer Aktion – zum Beispiel der gezielten Abwehr eines Schädlings? Das ist immer noch ein grosses Rätsel. Es gibt aber erste Hinweise. So konnte eine Gruppe um Stefanie S. Schmieder[107] von der ETH Zürich nachweisen, dass ein Pilzmyzel spezielle Hyphen enthält, die nur für die Kommunikation da sind und Signale durch das ganze Netzwerk transportieren, und zwar mit Geschwindigkeiten, welche die Wachstumsgeschwindigkeit anderer Hyphen des Pilzes weit übertreffen.
Noch faszinierender ist, dass dieselben Hyphen Signale in beide Richtungen übertragen könnten. Ein einzelner sich ausbreitender Pilzfaden habe einen »Puls«, das heisst einen zeitveränderlichen Fluss. Dieser Pilzpuls kann seine Richtung ändern. Er wechselt ständig zwischen der Abgabe von Signalen von innen nach aussen und von aussen nach innen. So könne das Myzel als Ganzes die Kommunikation koordinieren und kontrollieren. Auch elektrische Signale scheinen für die interne Kommunikation eine Rolle zu spielen.[108] Damit ist aber die Frage, wie Nachrichten überhaupt entstehen und koordiniert versandt werden, noch nicht beantwortet.

Kommunikation ist allgegenwärtig, bei allen Lebewesen, immer und überall, mit vielen, sehr unterschiedlichen Signalen wie Lauten, Düften, elektrischen Signalen, Vibrationen und etlichen mehr. Sogar mit winzigen Erbgutteilchen, wie im nächsten Kapitel, dem MITTE-Kapitel, dargelegt wird, gefolgt von einem Rückblick und einem Ausblick auf den zweiten Teil des Buches.

DIE MITTE

X. WIR ESSEN INFORMATIONEN – VON REIS UND VON KÜHEN

Zwischen der Pflanze Reis, dem Tier Kuh und dem Menschen besteht möglicherweise eine Verbindung, die lange Zeit als unmöglich galt: Winzige Erbgutteilchen könnten quer durch das ganze Pflanzen- und Tierreich ausgetauscht werden – und zwar über das Essen. Es handelt sich dabei um microRNA, also kurze Abschriften der Erbgut-DNA, die besonders bei der Regulierung der Gene eine wichtige Rolle spielen. (s. auch Epigenetik, S. 141ff.).

So konnten 2012 der chinesische Forscher Chen-Yu Zhang[109] und sein Team erstmals nachweisen, dass wir pflanzliche microRNA mit unserem Essen aufnehmen. Sie untersuchten Chinesinnen und Chinesen, die sich hauptsächlich von Reis ernährten – und fanden in deren Blut und Leber microRNA von Reiskörnern.[110] Damals waren die Forschungsergebnisse noch umstritten. Doch in den vergangenen Jahren wurden die Ergebnisse neuerer Experimente publiziert, die einen Transfer von microRNA zumindest nahelegen, zum Beispiel von der Gruppe um Janos Zempleni von der Universität Nebraska-Lincoln.[111]

Sie zeigen: Wenn wir ein Glas Milch trinken, beginnt für diese Erbgutteilchen in der Kuhmilch eine Reise durch den Magen, den Darm und von dort in die Blutbahn. Sie gelangen mit dem Blut in verschiedene Organe und weiter in Zellen. Dort können sie womöglich in die

Regulierung der körpereigenen Gene eingreifen und den Stoffwechsel beeinflussen. Für das Experiment hatte das Team die microRNA von Kuhmilch mit einem fluoreszierenden Stoff markiert und Mäusen zum Trinken gegeben. Und tatsächlich: Etwas später leuchtete die microRNA in manchen Organen der Nager auf, vor allem im Gehirn, in der Leber und der Darmschleimhaut.

Eine andere Forschergruppe experimentierte mit microRNA von Grapefruit, Karotten, Pilzen oder Ingwer.[112] Eine weitere fand in Schweinen, die frischen Mais gegessen hatten, microRNA vom Mais in verschiedenen Organen der Tiere.[113]

Lange Zeit hielt man es für unmöglich, dass fremde microRNA überhaupt in unseren Kreislauf gelangt. Denn die kleinen Moleküle werden im Dünndarm vollkommen abgebaut und in ihre Bausteine zerlegt – wenn sie ungeschützt sind. Doch heute weiss man, dass microRNA aus Kuhmilch und aus Pflanzen meistens gut verpackt ist, wie in einem Seifenbläschen, und auf diese Weise unversehrt durch den Magen-Darm-Trakt in den Blutstrom und via Blut von dort in die verschiedenen Organe gelangt. So erklären sich die Teilchen im Körper der Maus. Auch in menschlichen Körpern konnte die Gruppe um Zempleni microRNA aus Kuhmilch ausfindig machen.

Doch je mehr wir wissen, desto mehr Fragen tauchen auf. Was bewirkt die fremde microRNA in unserem Körper? Kann sie wirklich in die Genregulierung eingreifen, oder sind die Konzentrationen viel zu gering?[114] Ist die Wirkung von Heilpflanzen auch auf den Informationsaustausch mit deren microRNA zurückzuführen? Spielt microRNA bei Krankheiten eine Rolle?[115, 116]

Seit einiger Zeit wird eine weitere Hypothese debattiert: microRNA von Milch oder von verdauten Pflanzen könnte auch mit dem Mikrobiom in unserem Darm genetische Informationen austauschen.[117] Wenn sich diese Hypothese bestätigt, tut sich erneut ein riesiges Feld auf! Das Mikrobiom – oder die Darmflora – besteht aus zig Milliarden Kleinstlebewesen, wie Bakterien, Pilzen, Viren. Sie sorgen in enger Symbiose für unsere Verdauung. Wir sind ganz und gar auf sie angewiesen. Ein Mensch beherbergt mehr Zellen von Kleinstlebewesen, als er eigene Zellen hat. Und diese sollen nun auch noch mit microRNA unserer Lebensmittel kommunizieren?

Das sind schwindelerregende Perspektiven. Die Vorstellung, dass uns Informationen von Tieren und Pflanzen in Form von microRNA direkt beeinflussen könnten, in Stoffwechselvorgänge eingreifen, Gene in unseren Körperzellen an- und abschalten oder mit unserem Mikrobiom kommunizieren könnten: Das alles würde eine enge Kollaboration über bisher unentdeckte Kommunikationswege und über alle Artengrenzen hinweg bedeuten, entstanden in einer Jahrmillionen dauernden Evolution. Kein Lebewesen – weder Mensch, Tier, Pflanze, Pilz noch Kleinstlebewesen – ist allein auf sich gestellt und unabhängig.

Zu guter Letzt verdeutlicht die Forschung mit microRNA vor allem eines: Die Verbindungen und Vernetzungen untereinander sind noch weitaus vielfältiger und dichter, als wir uns das vorstellen können.

Alison Pouliot meinte, das Studium von Pilzen habe ihr zu einer neuen Weltsicht verholfen, denn: »Die Natur nicht als ein System von separierten und katalogisierten Lebewesen zu begreifen, sondern als System von Beziehungen, von Prozessen, wo die flüssige, sich ständig ändernde Natur der Lebewesen und ihrer Umgebung eine wichtige Rolle spielt, wie das Netzwerk eines Myzels. Das ist es, was mich am meisten fasziniert.«

Doch gerade bei Pflanzen fehlt diese Einsicht oft, auch in der Wissenschaft. Noch immer herrscht die Vorstellung vor, Pflanzen seien mehr oder weniger passiv, mehr oder weniger isoliert und folgten ihrem festgelegten genetischen Programm, ähnlich wie fein austarierte Bioautomaten.

Plant blindness, Pflanzenblindheit, nannten das 1999 die US-amerikanischen Botaniker Elisabeth Schussler und James Wandersee. Sie meinten damit »die Unfähigkeit, die Pflanzen in der eigenen Umgebung zu sehen oder wahrzunehmen«, was zu »der Unfähigkeit führt, die Bedeutung von Pflanzen in der Biosphäre und in menschlichen Angelegenheiten zu erkennen«. *Plant blindness,* das ist auch die Unfähigkeit, Pflanzen als kommunizierende, agierende, differenziert wahrnehmende, vernetzte Lebewesen zu begreifen.

Alles ändert sich, wenn wir Pflanzen als aktive Teilnehmer sehen. Mich erstaunt immer wieder, welch sagenhaften neuen pflanzlichen Eigenschaften die Wissenschaft auf die Spur kommt: die überaus differenzierte Kommunikation zwischen Blüten und ihren Bestäubern zum Beispiel, wie eine Pflanze aus einem wahren »Duftlärm«

heraus ihren Bestäuber mit Duftstoffen und anderen Zeichen gezielt anlockt, mit ihm kommuniziert und dabei *gleichzeitig* Informationen mit Lebewesen wie Insekten, Bakterien oder anderen Pflanzen austauscht, Meldungen interpretiert, ihr Verhalten ändert, darauf antwortet, andere warnt. Diese Erkenntnisse sind neu, weil man bisher immer bloss eine Interaktion allein untersucht hatte, nicht die ganze Verhaltenspalette, die koordiniert und zur gleichen Zeit abläuft.

Bei Tieren sind wir uns eher bewusst, dass sie keine Objekte sind. Trotzdem liegt natürlich auch hier manches im Argen, allem voran die unerträgliche Massentierhaltung. Anet Spengler Neff und Florian Leiber vom Forschungsinstitut für biologischen Landbau (FiBL) wollen dem etwas entgegensetzen. Beide glauben, dass Kühe ihre Umwelt vor allem durch Geschmack und Geruch erleben. Was das heisst, wurde mir auf einer Wanderung mit Anet Spengler Neff auf das Pischahorn ob Klosters schlagartig klar. Wir probierten immer wieder Alpenkräuter, die auch Kühe auf der Alpweide gern fressen: Sauerampfer, Muttern *(Ligusticum mutellina),* Guter Heinrich, Sauerklee, kleine Löwenzahnblätter, Meisterwurz und viele andere. Würzig – sauer – pfeffrig – grasig – süsslich – bitter – und sehr aromatisch. Eine erstaunlich vielfältige Palette von Geschmackserlebnissen. Wir konnten nachvollziehen, dass Kühe das sehr gern fressen. Und wir konnten uns schlicht nicht vorstellen, was es für eine Kuh bedeutet, ihr Leben lang jeden Tag das gleiche monotone Silagefutter zu erhalten.

Was aber bringt das Wissen darüber, dass wir alle – Mikroorganismen, Pilze, Pflanzen, Tiere, Menschen – in koevolutionäre Prozesse eingebunden und in gegenseitige Abhängigkeiten verstrickt sind? Was bedeutet dies konkret für die Landwirtschaft? Klar ist: Weiter wie bisher ist keine Option. Die Situation hat sich in den letzten zehn Jahren drastisch verschlimmert. Trotz grosser Erkenntnisgewinne, trotz vieler auch ganz praktischer Fortschritte war es ein mehr oder weniger verlorenes Jahrzehnt. Die Klimaerhitzung nimmt zu, die Artenvielfalt bricht ein, überall erodiert fruchtbarer Boden, und wir stehen vor einer ernsthaften Ernährungskrise, denn seit mehreren Jahren nehmen Hunger und Mangelernährung wieder zu, während immer mehr Menschen weltweit an Fettleibigkeit leiden. Doch es gibt Anzeichen eines Wandels.[118] Das ist Thema des zweiten Teils dieses Buches.

Es beginnt mit einem Gespräch mit Ignacio Chapela, Professor an der Universität von Kalifornien. Er erzählt, warum er in seinen Vorlesungen das Wort »Gen« nicht mehr gebraucht. Die Vorstellung von eigenständigen, klar abgegrenzten DNA-Abschnitten, die herausgeschnitten, versetzt oder manipuliert werden können, sei veraltet. Auch die DNA sei Teil eines komplexen, dynamischen Systems. Er meint, es sei nicht verwunderlich, dass die Agrogentechnik so erfolglos sei.

Wie ein Systemwandel in der Landwirtschaft grossflächig angegangen werden kann, erlebten wir im indischen Andhra Pradesh. Auf einem Gebiet grösser als die Schweiz, Österreich und Belgien zusammen sollen alle sechs Millionen Bauernfamilien bis 2027 auf Natürliche

Landwirtschaft umgestellt haben: ohne Pestizide, dafür mit einer möglichst grossen Vielfalt. Dabei soll das ganze System angepackt werden, vom Aufbau eines fruchtbaren Bodens bis zur aktiven Beteiligung der Gemeinschaft. Denn, so meinen die Initianten, die Natürliche Landwirtschaft sei nicht nur ökologisch, sondern sie rentiere auch und befreie die Bauernfamilien aus der Abhängigkeit von Grosskonzernen.

Um das Denken in Systemen und Kreisläufen geht es auch bei Hans Herren. Wie haben sich die Biomethoden entwickelt, die ich vor sechzehn Jahren am Forschungsinstitut ICIPE in Kenia beobachten konnte? Und wo steht Hans Herren heute, der für seine bahnbrechenden Forschungen zur Bekämpfung von Armut und Hunger den Welternährungspreis und den Alternativen Nobelpreis erhielt?

Benny Haerlin wiederum betont, dass sich in der Landwirtschaft langsam ein Paradigmenwechsel vollziehe. Mittlerweile setzt auch die Agrarindustrie auf Agrarökologie – und meint damit eine Digitalisierung der weltweiten Landwirtschaft, um komplexe Agrarsysteme nachhaltig zu managen. Kann das die Lösung sein?

Ganz zum Schluss eine Hommage an den Spatz, der die Menschheit seit 10 000 Jahren treu begleitet.

Kostenwahrheit bei Lebensmitteln einfordern!

In Frankreich kostet es 60 000 Euro, das Grundwasser von einem Kilo Pestiziden zu reinigen, die von der konventionellen Landwirtschaft eingeschwemmt wurden. Auf 54 Milliarden Euro belaufen sich die jährlichen Kosten für die Wasseraufbereitung, um die Überschüsse von umweltschädlichen Pestiziden und stickstoffhaltigen Düngemitteln allein in Frankreich aus dem Wasser zu beseitigen. Das berechnete das französische Commissariat Général au Développement Durable in einer Studie von 2011.[119] Diese exorbitanten Kosten zahlen nicht etwa die Verursacher, sondern die Allgemeinheit, also die Steuerzahler und -zahlerinnen.

Die jährlichen versteckten Umweltkosten der Lebensmittelproduktion – im ökologischen und im gesellschaftlichen Bereich – sind immens. Gemäss einer Schätzung der FAO (Ernährungs- und Landwirtschaftsorganisation der UNO) belaufen sich diese weltweit auf 4,8 Billionen US-Dollar. Ein neuer Bericht der Food and Land Use Coalition (FOLU) beziffert die Kosten gar mit 12 Billionen US-Dollar.[120]

Tobias Gaugler und seine Gruppe von der Universität Augsburg stellten in einer Studie[121] fest, dass zum Beispiel der wahre Preis für Milchprodukte aus konventioneller Landwirtschaft in deutschen Läden 30 Prozent höher sein müsste, jener von biologischen nur rund 10 Prozent, wenn im aktuellen Preis der Ausstoss von Treibhausgasemissionen, der Energieverbrauch und der Einsatz von Stickstoffdünger mit einberechnet würden. Dabei wurden die Kosten für die Entfernung von Pestiziden und synthetischem Dünger in den Gewässern und die Folgekosten von Antibiotikaresistenzen noch gar nicht berücksichtigt. Der Preis von Lebensmitteln wäre noch viel höher, gäbe es so etwas wie ein Verursacherprinzip. Das bedeutet: Unsere Lebensmittel sind nicht nur viel zu billig, bei Kostenwahrheit wären Bioprodukte auch kaum teurer als konventionelle.

Die andere Seite: Wir geben immer weniger für Lebensmittel aus, wie Alessandra Roversi von Biovision vorrechnet.[122] Die Schweizer Bevölkerung gibt für Lebensmittel weniger als 7 Prozent aus; im Jahr 1950 waren es noch 30 Prozent. In Äthiopien belasten die Essensausgaben das Familienbudget hingegen mit 58 Prozent.[123]

Mischkulturen sind die Zukunft – zwei Beispiele

Grosse Mischkulturen: fast 30 Prozent mehr Ertrag pro Fläche – bei weniger Dünger, Pestiziden und Wasser

Bisher galt die Lehrmeinung: Mischkulturen lohnen sich vor allem im Süden, wo die Arbeit billig, Dünger hingegen sehr teuer oder gar unerschwinglich ist, nicht aber in nördlichen Ländern mit industrieller Landwirtschaft.

Das stimmt nicht, wie die bisher grösste Übersichtsstudie[124] aus China und den Niederlanden zeigt. Ein Team um Chunjie Li von der Landwirtschaftlichen Universität Chinas hatte über 226 Mischkulturexperimente auf allen Kontinenten untersucht und kam zum Resultat: Mischkulturen führen bei grossen und bei kleinen Betrieben, bei agrarökologischen und bei industriellen Monokultur-Landwirtschaften zu grossen Ertragsgewinnen, bei gleichzeitiger Reduktion von Dünger und Pestiziden.

Im globalen Durchschnitt ergeben Mischkulturen fast 30 Prozent (20–30%) mehr Ertrag auf gleicher Fläche als Monokulturen. Oder umgekehrt: Für den gleichen Ertrag braucht es fast 30 Prozent weniger Land. Bei Getreide liegt der durchschnittliche Ertragszuwachs bei 2,1 Tonnen pro Hektar.

Am besten schneiden Streifenmischkulturen ab, wie sie in China oft praktiziert werden: Auf schmalen Streifen (ein bis anderthalb Meter breit) werden abwechselnd verschiedene Kulturen angebaut, zum Beispiel Mais mit Erdnüssen, Mais mit Hirse oder Weizen mit grünen Bohnen. Mischkulturen, bei denen die Pflanzen zu unterschiedlichen Zeiten gesät und geerntet werden, bewähren sich besonders, also zum Beispiel schnell wachsende Gemüse, wie Erbsen, Bohnen oder Rettich, die früh ausgesät werden, zusammen mit Mais, der erst spät in der Saison angebaut wird. So erhalten alle genügend Sonnenlicht. In geeigneten Mischkulturen unterstützen sich die Pflanzen zudem gegenseitig: solche, die Stickstoff aus der Luft binden, zusammen mit solchen, die dank tiefen Wurzeln Wasser aus der Tiefe holen, oder solchen, die besonders effizient Photosynthese betreiben.

Fast 30 Prozent mehr Ertrag und gleichzeitig markant weniger Dünger und Pestizide bei jeder Art von Landwirtschaft: Warum werden Mischkulturen nicht flächendeckend praktiziert? Die Hindernisse seien, schreibt der Mitautor der Übersichtsstudie, Wopke van der Werf von der Universität Wageningen, dass leichtere und kleinere Landwirtschaftsmaschinen (die zudem den Vorteil haben, den Boden nicht zu verdichten) eingeführt werden müssten. Vor allem aber würde es an Wissen mangeln, sowohl bei den Expertinnen und Experten als auch den Landwirtschaftsschulen und den Bauernfamilien selber. »Wenn wir die wachsende Weltbevölkerung nachhaltig ernähren wollen, sind das Chancen, die zu verschwenden wir uns nicht leisten können.«[125, 126]

Kleine Mischkulturen: zehnmal mehr Gemüse auf gleicher Fläche

Auf der biologischen Minifarm in Le Bec-Hellouin in der Normandie ist die wertmässige Produktion von Gemüse auf 1000 Quadratmeter so hoch wie auf einem Hektar (= 10 000 m^2) einer motorisierten Landwirtschaft. Also zehnmal höher! Das hat eine Untersuchung[127] des französischen Forschungsinstituts INRA zusammen mit AgroParisTech ergeben. Das Team um François Léger unterzog die Minifarm von 2011 bis 2015 einer minutiösen betriebs- und landwirtschaftlichen Analyse. Das Rezept der Minifarm: eine möglichst grosse Vielfalt auf kleinstem Raum. Auf Hügelbeeten können die Kulturen ohne motorisierte Maschinen sehr dicht angepflanzt werden. Das führt auch zu einem raschen Anstieg der Bodenfruchtbarkeit. Diese intensiv bearbeitete Fläche ist allerdings Teil eines umfassenderen Pakets, das auch weniger intensive Bereiche (z. B. für den Anbau langlebiger Kulturen wie Winterlagergemüse), Brachflächen und Gebäude enthält. Das Gründerpaar Charles und Perrine Hervé-Gruyer experimentiert ständig mit neuen Techniken und neuen Pflanzenkombinationen.

XI. »IN MEINEN VORLESUNGEN VERMEIDE ICH DAS WORT ›GEN‹«

Ein Spaziergang mit Ignacio Chapela von der Universität von Kalifornien

Ignacio Chapela ist Professor für mikrobielle Ökologie an der Universität von Kalifornien in Berkeley. Der gebürtige Mexikaner weiss, wie es ist, gegen den wissenschaftlichen »Mainstream« zu kämpfen. Um die Jahrtausendwende fand er in abgelegenen Bergregionen des Bundesstaates Oaxaca in Südmexiko gentechnisch verändertes Material in alten Mais-Landsorten, die dort seit Jahrhunderten von indigenen Bäuerinnen und Bauern angebaut und gezüchtet werden. Seine Ergebnisse wurden 2001 in der renommierten Fachzeitschrift *Nature* publiziert.[128] Nach einem weltweiten Proteststurm distanzierten sich die Herausgeber von dem Artikel – ein bisher einmaliger Vorgang in der Geschichte des Magazins. 2009, also ganze acht Jahre später, wurden Chapelas Untersuchungen bestätigt. Es fanden sich tatsächlich gentechnische Kontaminationen in alten Landsorten in Mexiko.[129]

Der Biologe ist langjähriger Kritiker monokausaler und allzu simpler Dogmen in der Biologie und der Agrargentechnik. Er geht sogar so weit, dass er den Begriff »Gen« in seinen Vorlesungen nicht mehr verwendet. Im Mai 2019 weilt er für eine Woche in der Schweiz, und wir treffen uns für eine Wanderung im Baselbieter Jura. Während einer Rast unter einem schattigen Nussbaum,

Ignacio Chapela

nahe dem Kloster Schönthal ob Langenbruck, möchte ich von ihm wissen, was ihn am Begriff »Gen« denn so störe.

»Ein Gen ist zuerst einmal ein Wort und nicht viel mehr«, sagt der Wissenschaftler. »Je mehr wir forschen, desto weniger wissen wir, was ein Gen ist. Wir wissen aber, was ein Gen *nicht* ist: Ein Gen sendet keine Informationen an die Zelle aus; ein Gen dirigiert nicht das Zellgeschehen. Ein Gen ist nicht alleine für die Vererbung von Eigenschaften verantwortlich. Es gibt keine allgemeingültige Definition dessen, was ein Gen ist.« Er habe bei vielen praktizierenden Biologen und Biologinnen nachgefragt – und immer andere Antworten erhalten, abhängig von ihren jeweiligen Forschungsprojekten. »Ein bekannter Biologe meinte, ein Gen sei wie die Kunst, es kommt auf die Phantasie des Betrachters an.« Ein Gen, sagt Ignacio Chapela, sei nie entdeckt worden in dem Sinne, dass da jemand durch ein Mikroskop geschaut und gesagt habe: Wow, hier ist ein Gen.

Machen wir an dieser Stelle einen kurzen Exkurs in die jüngere Geschichte des Gens und seiner Bedeutung.[130]

1953 präsentierten die beiden Forscher Francis Crick und James Watson ein Modell für die Struktur der Erbsubstanz Desoxyribonukleinsäure (DNS oder auf Englisch DNA): die berühmte Doppelhelix. Sie sei aufgebaut wie eine Strickleiter mit starren Sprossen, die zu einer Spirale verdreht ist.[131] Francis Crick stellte dann das Zentrale Gendogma auf: Die Sprossen der Doppelhelix bestünden aus vier organischen Molekülen, die sich abwechseln und das genetische »Alphabet« bildeten. Zum Vergleich: So wie die Aneinanderreihung der Buchstaben B, A, U, M vor uns einen Baum erscheinen lässt, so enthalte die Reihenfolge der vier organischen Moleküle die Erbinformationen. Ein Gen sei ein klar abgegrenzter Abschnitt auf dem DNA-Faden und enthalte die Instruktionen für den Aufbau eines Proteins. Aus Proteinen entstünden der Bauplan eines Lebewesens sowie alle Stoffwechselvorgänge, die für das Leben notwendig seien. Dem Zentralen Gendogma zufolge stehe ein Gen am Anfang jeder Reaktionskette; die Informationen würden nur in eine Richtung laufen – vom Gen zum Protein, nie umgekehrt. Ein Gen produziere immer dasselbe Protein, unabhängig von der Umgebung, es sei ein Ding, das Instruktionen aussendet, selbst aber keine empfängt. Ein DNA-Strang enthalte Abertausende solcher Gene – alle zusammen bildeten unser Erbgut. Das Zentrale Gendogma lautet also:

Gen → Protein → Bauplan und Stoffwechselvorgänge eines Lebewesens

Gene wurden so zu bequemen Konstanten im turbulenten Geschehen des Zellinnern, die sich zwar manchmal verändern (mutieren), ihre Information ansonsten aber entsprechend dem Zentralen Dogma weitergeben. Dieser archimedische Punkt der Molekularbiologie – dieses scheinbar stabile Etwas in einem sich ständig ändernden Chaos – hat mit der Zeit eine grotesk überhöhte Bedeutung und Macht erreicht. Gene wurden zur Grundlage aller Lebensphänomene, zur letztlich bestimmenden Ursache, zur Essenz des Lebens überhaupt hochstilisiert. »Gene sollten eine Erklärung dafür liefern, was Lebewesen zu dem macht, was sie sind und was sie tun«, sagt Ignacio Chapela. »In den Genen und in der Vererbung schien sogar die Zukunft eines jeden Lebewesens verborgen zu sein. Molekularbiologie wurde zu einer Art neuen Religion.« Das Gendogma war einfach, elegant und machtvoll. Endlich hatte man das Gen aus der Höhe der Abstraktion zu einem handfesten, klar abgegrenzten und wirkmächtigen Stück DNA heruntergeholt.[132]

Die Zäsur: 2001 wurde die Entschlüsselung des menschlichen Genoms gefeiert, ein weiterer Meilenstein in der Geschichte der Molekularbiologie. Da menschliche Zellen rund 100 000 verschiedene Proteine enthalten, erwartete man rund 100 000 Gene, für jedes Protein ein Gen. Tatsächlich stellte sich aber heraus, dass es nur rund 20 000 sind. Der winzig kleine Fadenwurm *Caenorhabditis elegans* enthält ebenfalls rund 20 000 Gene, eine Tomate etwa 30 000. Der Fadenwurm so komplex wie ein Mensch? Und eine Tomate noch viel komplexer? Etwas war grundlegend falsch.

Das Gendogma erwies sich bald als krasse Vereinfachung und wurde von zahlreichen Studien widerlegt:

– Gene sind keine genau definierten Orte auf der DNA. Es gibt springende DNA-Abschnitte, die ständig den Ort wechseln, oder Überlappungen in den codierenden Sequenzen. Ein DNA-Abschnitt kann auch »gespleisst« werden, das heisst aufgetrennt, wieder zusammengesetzt oder gekürzt, und auf diese Weise Informationen für viele Proteine enthalten. Genauso wie aus dem Wort ERBGUT die Wörter GEBURT, BETRUG und auch ER oder EU geformt werden können. Ein Beispiel: Ein Gen oder DNA-Abschnitt von Zellen im Innenohr eines Huhns kann bei der Formung von über 500 verschiedenen Proteinvarianten mitbeteiligt sein.[133, 134]

– Ein DNA-Abschnitt oder Gen kann je nach Umgebung verschiedene Funktionen haben. So ist zum Beispiel ein Gen bekannt, das bei Fruchtfliegen an der Bildung von Sehpigmenten, bei Säugetieren jedoch an der Reifung des Immunsystems beteiligt ist. Dieses Gen hat also in verschiedenen Umgebungen gänzlich unterschiedliche Funktionen. Genauso, wie das Wort HEIDE ganz unterschiedliche Bedeutungen haben kann, je nachdem, in welchem Zusammenhang das Wort erscheint: Wir gehen in der HEIDE spazieren; der HEIDE wird vom Missionar bekehrt; HEIDE und Rolf gehen ins Kino.

– Kommunikation findet in alle Richtungen statt, nicht nur von einem Gen zu einem Protein. Auch Proteine senden Informationen an Gene; Gene informieren sich gegenseitig; Proteine senden Informationen an andere Proteine[135] – in einer Zelle werden ununterbrochen gigantische Mengen an Informationen in alle Richtungen ausgetauscht, vernetzt, verarbeitet und beantwortet. Gene sind im Grunde genommen nur Zulieferer biochemischer Moleküle, welche die Zelle in ihrem jeweiligen Entwicklungsstadium oder funktionellen Zustand braucht. Das bedeutet eine völlige Umkehrung der Hierarchie. Nicht die DNA (oder die Gene) steht an der Spitze der Informationskaskade, sondern die Zelle als Ganzes. Die DNA ist wichtig für die Herstellung von Proteinen, doch eigentlich ist sie ein Molekül wie alle anderen auch. Sie wird von der Zelle aktiviert, wenn ihre Produkte benötigt werden. Das Erbgut ist also wie ein Datenspeichersystem für lebende Zellen.

– Die DNA agiert überhaupt nicht. Auf sie muss eingewirkt werden, sie ist passiv. Es braucht eine Kooperation mit einem ganzen Team verschiedener Proteine, Enzyme und anderer Moleküle, welche die DNA regulieren, aktivieren oder stilllegen – das weite Feld der Epigenetik tut sich auf. *Epi* heisst auf Griechisch »darüber«. Epigenetik ist ein System, das sich »über den Genen« befindet, ein übergeordnetes Informationssystem, mit dessen Hilfe eine Zelle ihre Gene je nach Bedarf abrufen oder an- und abschalten kann (zu Epigenetik s. S. 141ff.).[136]

Ignacio Chapela fügt an: »Auch der Glaube, dass DNA-Abschnitte oder eben Gene die einzigen Bausteine für die Vererbung sind, kann nicht länger aufrechterhalten werden. Vererbung ist immer noch ein Mysterium, ein komplexer und unvorhersehbarer Prozess. Natürlich erben wir gewisse Qualitäten und Eigenschaften von unseren Eltern, und natürlich spielt die DNA dabei eine wichtige Rolle. Doch auch andere Prozesse wie eben die Epigenetik sind an der Vererbung beteiligt.«[137]

Ignacio Chapela

Das Wort »Gen«, so wie es Wilhelm Johannsen im Jahr 1909 postuliert hat, stammt aus dem Griechischen und meint ein Ding, das etwas »generiert«, also erzeugt, ja sogar gebärt. Doch ein Gen generiert gar nichts. Ignacio Chapela sagt: »Alles, was wir heute wissen, ist Folgendes: Gene gehören zur DNA. Mehr nicht. Ein Gen ist keine biologische Realität, sondern ein abstraktes Konzept, das Wissenschaftler auf die DNA platziert haben. Da besteht eine riesige konzeptionelle Lücke. Aus diesem Grund verzichte ich in meinen Vorlesungen ganz auf den Begriff ›Gen‹ – das ist gar nicht so einfach.«

Ich wende ein, dass es doch durchaus DNA-Abschnitte oder eben Gene gebe, die mit einer einzigen Eigenschaft in Verbindung gebracht werden könnten, zum Beispiel mit einigen seltenen Erbkrankheiten. »Das stimmt natürlich«, sagt Chapela. »Diese Krankheiten werden durch die Störung einer DNA-Sequenz verursacht, aber auch da ist es meistens komplizierter. Die meisten Funktionen – und die damit verbundenen Krankheiten – hängen von riesigen regulatorischen Netzwerken und Tausenden verschiedener DNA-Sequenzen ab.«

Früher galt das Zungenrollen, also die Fähigkeit, die Zunge röhrenartig von den seitlichen Rändern her zu rollen, als *das* Paradebeispiel für eine einfache Eigenschaft, die durch ein einziges Gen verursacht wird. Manche Menschen können dies, andere nicht. Doch selbst das Zungenrollen hat sehr viel komplexere Ursachen; dafür verantwortlich sind sowohl mehrere Gene wie auch Umwelteinflüsse.[138]

Es stimme auch, fährt der Forscher fort, dass es DNA-Sequenzen gebe, die für jeden Menschen, für jede Pflanze oder jedes Tier spezifisch seien – eine Art Fingerabdruck der DNA. So hätten sie damals in Mexiko anhand bestimmter DNA-Abschnitte nachweisen können, dass einheimische Maispflanzen genmanipuliert waren. Aber: »Das Zentrale Gendogma ist ein Modell, nicht die Wirklichkeit. Wenn man das einmal realisiert, muss es geändert werden. Ein Code, ein Gen, das deterministisch die Realität beschreibt – das ist eine mittelalterliche Idee, ein komplett veraltetes Konzept.«

Nach der Entschlüsselung des Genoms im Jahre 2001 zeichneten sich in der Forschung zwei Wege ab: Auf der einen Seite standen jene Forscher und Wissenschaftlerinnen, die versuchten, immer präziser und detaillierter ins

Erbgut vorzudringen. Die implizit davon ausgingen, dass Gene klar definierte Bauanleitungen enthalten und fest umrissene Einheiten auf der DNA sind, die sich isolieren und manipulieren lassen, ohne dass durch die Manipulation ihre Zellumgebung verändert wird. Man müsse nur noch mehr forschen, tiefer ins Erbgut eindringen, exaktere molekularbiologische Werkzeuge finden. Auf der anderen Seite standen jene, denen die Entschlüsselung des Erbguts in aller Deutlichkeit zeigte, dass der Fokus auf einzelne DNA-Sequenzen zu kurz greift. Dass das Leben auf allen Stufen – vom einzelnen Protein oder von der einzelnen DNA-Sequenz bis hin zum ganzen Lebewesen – dynamisch, plastisch, flexibel und anpassungsfähig ist. Systembiologie wurde ein neues Fachgebiet, mit dem Ziel, die Wechselwirkungen zwischen den unterschiedlichen Faktoren und Ebenen zu verstehen.

Ignacio Chapela sagt: »Zu realisieren, dass das Konzept ›Gen‹ nur ein leerer Begriff ist, ist unglaublich befreiend – ja, wir sind nicht determiniert durch unsere sogenannten Gene, wir sind grandios komplexe Lebewesen. Wir werden von allen und allem um uns herum beeinflusst, und wir beeinflussen selber alle und alles um uns herum. Das gilt auch für Pflanzen und Tiere.«

Das dynamische Netzwerk der Epigenetik

Kurz nach der Befruchtung teilt sich eine Eizelle viele Male zu einem Klümpchen von Zellen mit gleichem Erbgut. Doch sehr bald findet ein reger Austausch zwischen den Zellen statt; Hunderte

von Signalfaktoren und anderer Moleküle kommunizieren miteinander, sie organisieren sich gemeinsam selbst, so wie die Bedingungen um sie herum sich ändern. So werden Zellen, die alle die gleichen Gene haben, zu völlig unterschiedlichen Zellen. Eine Leberzelle und eine Hautzelle sehen verschieden aus, verhalten sich unterschiedlich und funktionieren anders – trotz gleicher Gene. Eine Rolle spielt dabei die Epigenetik: ein Heer unterschiedlicher Signalstoffe, die die Aktivitäten der Gene kontrollieren, sie beispielsweise aktivieren oder stilllegen und dabei dynamische Netzwerke bilden. Und wenn sich eine Leberzelle teilt, entstehen wiederum Leberzellen. Das bedeutet: Zellen geben nicht nur ihre Gene an die nachfolgenden Zellen weiter, sie vererben auch epigenetische Informationen. Kommt es zu einer Befruchtung, also zu einer Verschmelzung von Eizelle und Spermium, werden fast alle diese epigenetischen Informationen gelöscht. Manchmal aber werden einige an die nachfolgende Generation vererbt.
Manche Akteure des epigenetischen Systems sind bekannt. So können sich zum Beispiel kleine Botenstoffe, sogenannte Methylgruppen, wie Post-its an ein bestimmtes Gen heften und es stilllegen. Fallen sie weg, ist das Gen wieder aktiv. Daneben gibt es viele weitere Proteine, DNA-ähnliche kleine Moleküle (sog. microRNA oder Regulations-RNA) und andere Moleküle. Sie alle wirken auf die DNA ein. Diese dynamisch-epigenetischen Netzwerke haben ein Leben für sich – sie folgen Netzwerkregeln, die nicht durch die DNA spezifiziert sind. Und wir verstehen diese Regeln nicht sehr gut.
Und welche weiteren Elemente spielen eine Rolle? Wer instruiert und kontrolliert epigenetische Systeme, und wer wiederum diese? Ein unendlicher Regress, und am Schluss landet man bei der Zelle oder dem Lebewesen oder dem Ökosystem. Ignacio Chapela bemerkt: »Epigenetik ist ein Weg, um zu sagen: Wir wissen es nicht. Wir haben aber keine andere Sprache, um über Leben zu sprechen.«[139]
Die Umwelt ändert sich manchmal rasch und dramatisch. Doch bis sich ein Lebewesen allein durch Veränderungen seiner Gene,

also seiner DNA-Abschnitte, anpassen kann, dauert es meist sehr lange. Epigenetische Veränderungen hingegen können schnell erzeugt werden – ein grosser Vorteil. Epigenetische und genetische Veränderungen spielen eng zusammen, wie die folgenden drei Beispiele zeigen.[140]

Tomaten erinnern sich und vererben ihr »Wissen«

Tomatenpflanzen, die über mehrere Generationen ohne Frassfeinde aufwuchsen, begannen sich nach einer Raupenattacke langsam zu wehren. Doch einmal angegriffene Pflanzen konnten sich bei einer späteren Attacke schneller zur Wehr setzen: Die Pflanzen erinnerten sich daran, wie sie die früheren Angriffe pariert hatten. Sie lernten, ihre Abwehrbereitschaft schneller zu mobilisieren. Diesem »molekularen Gedächtnis« liegen epigenetische Veränderungen zugrunde. So können sich äussere Faktoren – in diesem Fall Frassfeinde – direkt auf die epigenetische Regulierung der Gene auswirken. Der Nachwuchs der angegriffenen Tomatenpflanzen konnte sich ebenfalls besser gegen Frassfeinde wehren. Auf diesen Nachkommen wurden die Raupen nur halb so gross wie auf solchen, deren Eltern nie von Raupen angefressen worden waren. Sie hatten also die Lebenserfahrung ihrer Eltern geerbt. Manchmal werden epigenetische Veränderungen gar nicht vererbt, manchmal nur über wenige Generationen, dann gehen sie wieder verloren, manchmal bleiben sie über viele Generationen hinweg bestehen. Inzwischen sind viele Beispiele derartiger epigenetischer Anpassungen an Frassfeinde bekannt. Wahrscheinlich besitzen alle Pflanzen diese Fähigkeit.[141]

Reis lernt, Dürre besser auszuhalten, und vererbt sein »Wissen«

Reispflanzen, unter Dürrebedingungen aufgezogen, wurden von Generation zu Generation resistenter gegen Trockenheit. In den Pflanzen zeigten sich viele epigenetische Veränderungen, also viele neuregulierte Gene oder DNA-Sequenzen. Sie hatten – epigenetisch – »gelernt«, Dürre besser zu ertragen, und dies weitervererbt, mit dem Resultat, dass die trainierten Reispflanzen und ihre Nachkommen sich gut an die trockenen Bedingungen der Hochland-Landwirtschaft anpassen konnten.[142]

Das Haushuhn und sein Vorfahre, das Bankivahuhn

Alle unsere heutigen Haushuhnrassen stammen vom südostasiatischen Bankivahuhn ab. Dessen Domestizierung zum heutigen Haushuhn begann vor rund 8000 Jahren. Die Veränderungen sind gewaltig: Die meisten heutigen Hühnerrassen werden mindestens doppelt so gross wie das Bankivahuhn, sie erreichen früher die Geschlechtsreife, legen mehr und grössere Eier und sind weniger ängstlich. Ein schwedisches Team fand im heutigen Haushuhn mehrere Hundert neuregulierte Gene in den Gehirnregionen Thalamus und Hypothalamus, die beide bei der Stress- und Angstbewältigung beteiligt sind. Diese epigenetischen Veränderungen wurden stabil von einer Generation zur nächsten weitervererbt. Epigenetik spielt bei der Züchtung eine wichtige Rolle, zusammen mit genetischen Veränderungen.[143]

Agrogentechnik – bisher ein phänomenaler Misserfolg

Genmanipulierte Organismen sind Lebewesen, in deren Erbgut ein Extragen (eine Extra-DNA-Sequenz) eingefügt wurde. Doch gerade in der Agrogentechnik ist die Bilanz äusserst mager. Es gibt gerade einmal zwei erfolgreiche Genmanipulationen bei Pflanzen – trotz Milliarden Investitionen, trotz dreissig Jahren aufwendigster Forschung. Es sind dieselben, die vor über einem Vierteljahrhundert auf den Markt kamen: 99 Prozent aller gentechnisch veränderten Pflanzen sind entweder resistent gegen eines oder mehrere Totalherbizide – die allermeisten gegen das umstrittene Herbizid Glyphosat (Roundup von Bayer/Monsanto).[144] Die andere Gruppe gentechnisch veränderter Pflanzen enthält in jeder Zelle ein Gen des Bakteriums *Bacillus thuringiensis* (Bt), das für die Produktion eines oder mehrerer insektizider Gifte verant-

Aus dem Abstimmungskampf um die Gen-Schutz-Initiative: Die eidgenössische Volksinitiative verlangte ein Verbot der Freisetzung genmanipulierter Lebewesen, ein Verbot für Patente auf Leben und ein Verbot der Genmanipulation von Tieren. Sie wurde 1998 mit 66,7 Prozent der Stimmen abgelehnt

wortlich ist. Jede Pflanzenzelle, in Stängel, Blättern und Blüten, produziert nun dieses Bakteriengift während der ganzen Saison. Es sind diese zwei Gruppen – genmanipulierte Pflanzen mit einer Herbizidresistenz und Bt-Pflanzen, die ihr eigenes Insektizid produzieren –, die heute auf den Feldern grossflächig angebaut werden. Die einzige grosse Neuerung sind Pflanzen, die eine Kombination dieser beiden Gene enthalten (sog. *stacked genes,* zu Deutsch: gestapelte Gene).

Es gibt – mit wenigen Ausnahmen – weder transgene dürreresistente Pflanzen auf dem Saatgutmarkt noch solche, die dank Gentechnik gegen Krankheiten resistent sind oder salzhaltige Böden gut ertragen. Denn jede Genmanipulation ist ein Eingriff in ein hochdynamisches Netzsystem, wo jeder Eingriff, auch der kleinste, zu unvorhergesehenen Veränderungen führen kann. In diesem Netzsystem können ver-rückte Gene ver-rücktspielen, werden Nachbarschaftsbeziehungen gestört, und es können unerwartete Veränderungen an ganz anderen Orten im Erbgut (sog. pleiotrope Effekte) verursacht werden. Und bei allen Grossexperimenten zeigte sich immer das gleiche Bild: Im Labor, unter künstlichen und streng kontrollierten Bedingungen, kann eine Genmanipulation unter Umständen funktionieren. Doch der letzte »kleine« Schritt vom Labor ins Feld gelingt nicht. Im Freien, in einer fluktuierenden und sich ständig ändernden Umwelt, in Wechselwirkung mit anderen Lebewesen, mit Insekten, Mikroben oder Pflanzen, treten plötzlich überraschende Veränderungen und Entwicklungen auf. Die Umgebung kann das Erbgut auf ganz unvorhersehbare Art und Weise beeinflussen (Stichwort Epigenetik, s. S. 141ff.). Pflanzen werden zum Beispiel plötzlich krank oder verlieren ihre Widerstandskraft.[145]

Die Entdeckung neuer, präziserer molekularer »Scheren« (sog. *gene-editing*) lässt die Hoffnungen wieder aufkeimen: Nun endlich könne man DNA-Sequenzen zielgenau ausschneiden, einfügen, stilllegen, viel besser und zielgenauer als mit der alten Gentechnik. Doch auch diese neuartigen »Scheren« greifen in hochkomplexe, dichtvernetzte Systeme ein. Nicht das Werkzeug ist das Problem (alte oder neue »Schere«), sondern der Prozess, also der Eingriff in ein vielschichtiges Netz.[146]

Das Merkwürdige sei, sagt der Forscher Ignacio Chapela, dass sich der Genhype trotz aller Misserfolge so hartnäckig halte. Eine veraltete, reduktionistische Technik. »Grund dafür sind auch Patente auf DNA-Abschnitte und auf genmanipulierte Pflanzen. Diese gewähren den Konzernen eine ausschliessliche Monopolkontrolle, grosse Macht und viel Geld.«[147]

Zum Beispiel Dürreresistenz: Die Sorghumpflanze reguliert als Antwort auf Trockenheit mehr als 10 000 Gene neu

Das Getreide Sorghum ist bekannt dafür, dass es Trockenheit gut erträgt. Sorghumpflanzen, die unter Trockenstress stehen, verändern in kurzer Zeit die Expression von über 10 000 Genen, also mehr als 40 Prozent des Genoms, so die Schlussfolgerung einer grossangelegten Feldstudie von Nelle Varoquaux und ihrem Team von der Universität von Kalifornien.[148] Dabei initiiert die Pflanze in kurzer Zeit eine Kaskade verschiedener Antworten auf Trockenheit: Sie verändert die Blattstellung und die Blattöffnungen, drosselt die Photosynthese und vieles mehr. Das Mikrobiom (die komplexe Lebensgemeinschaft im Wurzelbereich) verändert sich, ebenso die Beziehungen der Pflanze zu den Mykorrhizapilzen, ihren engen Symbiosepartnern. Diese Veränderungen sind dynamisch und betreffen sowohl die Sorghumpflanze wie auch die mit ihr liierten Lebensgemeinschaften.

Es gibt also kein »Dürre-Gen«, das man einfach einsetzen oder manipulieren könnte. Und es erstaunt nicht, dass konventionelle Züchtungsmethoden (z. B. das Einkreuzen resistenter Sorten) bisher viel erfolgreicher waren.[149]

Gene Drives: die Evolution neu gestalten

Gene Drives sind die bislang gefährlichsten Anwendungen der neuen gentechnischen Verfahren, denn mit ihnen lassen sich Gesetze der Vererbung und der Evolution aushebeln. Mit Gene-Drives-Verfahren manipulierte Organismen verbreiten ihre genmanipulierten Gene schnell und effizient in ihrer Population. Das kann zum Beispiel ein Gen sein, das die ganze Population zum Aussterben bringt. Der Trick: Während bei Lebewesen, die sich sexuell fortpflanzen, die meisten Gene eine 50-Prozent-Chance haben, auf ihre Nachkommen vererbt zu werden, soll die Chance bei Gene Drives auf 100 Prozent erhöht werden. Gene Drives lösen eine genetische Kettenreaktion über viele Generationen hinweg aus: so lange, bis die ganze Population dieses Merkmal trägt – oder bis sie dank des Gene-Drives-Gens sich selber ausradiert hat.

Gegenstand von Gene Drives sind nicht Kulturpflanzen wie bei der »konventionellen« Agrogentechnik, sondern wildlebende Organismen, wie zum Beispiel Anopheles-Mücken, die den Malariaerreger übertragen, oder aber besonders zähe, kaum mehr ausrottbare Beikräuter.[150] Kevin Esvelt, einer der Erfinder von Gene Drives, nennt seine Website nicht unbescheiden »Sculpting Evolution«, also »die Evolution modellieren« – welch ein Grössenwahnsinn![151]

Derart mächtige Technologien, die in der Lage sind, die Evolution neu zu gestalten, bergen besonders grosse Risiken.[152] Es dürfen keine Fehler passieren. Eine Freisetzung in die natürliche Umwelt ist irreversibel. Einmal freigesetzte Lebewesen sind nicht rückholbar – sollen nicht rückholbar sein, das ist ja gerade das Ziel von Gene Drives. Doch die manipulierten Lebewesen gelangen in eine Umgebung mit hoher Vielfalt, mit Myriaden von Interaktionen mit anderen Lebewesen, mit Pflanzen, Tieren, Mikroorganismen. Das sei sehr anders als im Labor mit seinen künstlich konstanten Bedingungen, bemerkt Ignacio Chapela, viele Forscher und Forscherinnen stimmen dem zu.[153]

Alarmierend ist auch, dass die grössten Financiers der Gene-Drives-Forschung ausgerechnet das Forschungsinstitut des US-amerikanischen Militärs (DARPA) und die Bill & Melinda Gates Foundation sind. Letztere ist eine der weltweit wichtigsten Lobbyistinnen für Agrogentechnik.[154] Das US-Militär wiederum könnte an neuen Biowaffen interessiert sein. Genauso, wie im Zuge der Malariabekämpfung ganze Mückenpopulationen mit Hilfe von Gene Drives ausgerottet werden sollen, könnten beispielsweise auch wichtige Nutzinsekten in einer bestimmten Region vernichtet werden, mit horrenden Folgen für die Landwirtschaft.

Wie weiter? Die Biodiversitätskonvention (CBD) ist das Abkommen der Vereinten Nationen, die sich mit diesen Fragen befassen müssen. Die nächste Vertragsstaatenkonferenz in China (voraussichtlich 2021) ist womöglich der letzte Moment, völkerrechtlich verbindliche Vereinbarungen zu treffen, um bereits geplante Freisetzungen von Gene-Drives-Mücken im westafrikanischen Burkina Faso und anderswo zu unterbinden.[155]

XII. DIE WELTWEIT GRÖSSTE UMSTELLUNG AUF BIOLANDWIRTSCHAFT – MADE IN INDIA

Besuch in Andhra Pradesh, das bis 2027 ganz auf Pestizide und Kunstdünger verzichten will

Bei einer Zugfahrt durch Andhra Pradesh, siebtgrösster Bundesstaat Indiens, deutet auf den ersten Blick nichts darauf hin, dass hier gegenwärtig eines der revolutionärsten landwirtschaftlichen Experimente weltweit im Gange ist. Die Felder reihen sich wie Teppiche aneinander: Reis, Mais, Hirse, Zuckerrohr, roter Chili. Monokulturlandschaften, wie sie in Indien seit der sogenannten Grünen Revolution in den 1960er Jahren das Land prägen. Damals, als der Einsatz von Hochleistungssorten, Kunstdünger und Pestiziden versprach, die Erträge zu steigern und den Hunger im Land zu beenden. Zu Beginn konnte die Produktion tatsächlich massiv angekurbelt werden. Doch jetzt, sechzig Jahre später, schlagen die negativen Folgen mit aller Wucht zurück. Die Böden sind ausgelaugt, viele Flüsse vergiftet, die Ernten gehen zurück und sind nicht mehr resistent gegen Schädlinge und extreme Wetterphänomene. Zurück bleiben Kleinbauern, die ihre Familien nicht ernähren können und sich aus Verzweiflung das Leben nehmen, Zehntausende sind es jedes Jahr. Der südöstliche Bundesstaat Andhra Pradesh, bekannt für den Anbau von Chili und grösster Exporteur von

Nicht-Basmati-Reis, hat den zweithöchsten Pestizidverbrauch des Landes. Derweil sinkt der Weltmarktpreis für die Produkte, mehr als 80 Prozent der Bauernfamilien sind verschuldet.

Ausgerechnet hier soll nun die Kehrtwende geschehen. Das Umweltprogramm der Vereinten Nationen (UNEP) nennt das Vorhaben »die grösste Transformation zu einer nachhaltigen Landwirtschaft, die es je gegeben hat«. Es sieht vor, dass die rund sechs Millionen Bauernfamilien in Andhra Pradesh bis 2027 ihre Felder von Pestiziden befreien. Der Traum der globalen Umweltbewegung wird hier von der lokalen Regierung vorangetrieben. In den ersten drei Jahren seit Beginn des Projekts 2015/16 haben sich bereits über eine halbe Million Bauernfamilien von industrieller Landwirtschaft abgekehrt, immer mehr kommen hinzu.

Wie ist es möglich, einen Bundesstaat, grösser als die Schweiz, Österreich und Belgien zusammen, in wenigen Jahren von Pestiziden zu befreien? Das wollten wir[156] wissen und sind im Februar 2020 nach Indien gereist, noch kurz bevor die Coronapandemie das Land lahmlegte. Wir trafen auf selbstbewusste Bäuerinnen und Bauern und ein verblüffend organisiertes System, mit dem die radikale Veränderung herbeigeführt werden soll.

Kopf hinter diesem Mammutprojekt ist weder ein Aktivist noch ein Landwirt. Sondern der langjährige Regierungsbeamte Vijay Kumar Thallam, kurzärmliges weisses Hemd, behäbiger Bauch. Unter dem Schnauz verbirgt sich ein breites, gutmütiges Lächeln. Seit Anfang der 1980er Jahre ist er im Departement für ländliche Ent-

Vijay Kumar Thallam

wicklung der lokalen Regierung in Andhra Pradesh tätig und hat sich als Anwalt für verletzliche Bevölkerungsgruppen einen Namen gemacht. So lancierte er zum Beispiel gleich zu Beginn seiner Amtszeit eine Initiative, die Hochschulabsolventen mit indigenen Gemeinschaften zusammenbringt, um deren Bedürfnisse besser zu verstehen. Grossen Erfolg hatte er als Direktor des Programms zur ländlichen Armutsreduktion, mit dem er den Grundstein für die Selbsthilfegruppen von Frauen legte, die sich heute in ganz Indien organisieren und mittels Mikrokrediten eigene Geschäfte aufziehen.

Es waren diese Erfolge, die ihm geholfen haben, die Regierung von seinem neuesten Vorhaben zu überzeugen, eine flächendeckende biologische Landwirtschaft einzuführen. »Man vertraut mir hier«, sagt der vierundsechzigjährige Kumar Thallam, der eigentlich bereits in Pension gehen dürfte. Wir treffen ihn in seinem Büro der Agentur Rythu Sadhikara Samstha (RySS), zu Deutsch »Die Ermächtigung der Bauern«, die eigens von der Regierung für die Umsetzung des Projekts gegründet wurde. Es liegt im geschäftigen Guntur, drittgrösste Stadt des Bundesstaates, wo auch Kumar Thallam selber beheimatet ist. Hinter seinem stattlichen Schreibtisch hängt ein Bild von Mahatma Gandhi mit Spinnrad an der Wand.

»Wir stecken in einer tiefen Krise«, sagt er. Laut einer Prognose der FAO könnten 60 Prozent der Inder bis 2050 von Nahrungsmittelknappheit betroffen und 90 Prozent der Böden degradiert sein. Deshalb die Eile hinter dem Projekt. »Viele sagen mir, ich sei zu ambitioniert. Dabei haben wir keine Zeit mehr zu verlieren.«

Die Methode, die die Bäuerinnen und Bauern aus ihrer Abhängigkeit befreien soll, nennt sich Zero Budget Natural Farming, kurz ZBNF. Die Natürliche Landwirtschaft zeichnet sich dadurch aus, dass sie nach der Umstellung ohne Kredite und Zukäufe von aussen funktionieren soll, daher *zero budget,* und geht zurück auf den selbsternannten Guru Subhash Palekar,[157] der die Methode seit den 1990er Jahren landesweit propagiert. An seine Trainings kommen bis zu 10 000 Bäuerinnen und Bauern auf der Suche nach einer besseren Zukunft.[158]

Das Konzept nach Subhash Palekar steht auf vier Rädern:

Das erste Rad nennt sich *Beejamrutham* und besteht aus einer Mischung von Kuhdung und -urin sowie Kalk, die in Wasser fermentiert wird. Damit wird Saatgut vor dem

Säen gebeizt. Es soll vor allem nützlichen Kleinstlebewesen im Boden einen guten Start geben und die Pflanze vor Krankheiten schützen.

Das zweite Rad mit dem Namen *Jeevamrutham* ist eine Art Dünger und besteht ebenfalls aus einem Gemisch aus Kuhdung und -urin, das zusammen mit Rohrzucker, Linsenmehl und Erde fermentiert wird. Ein Biostimulans für Pilze und Mikroben, das die Bodenfruchtbarkeit verbessern soll. Es lagert bei jeder ZBNF-Bauernfamilie in einem grossen blauen Plastikfass am Rande des Feldes und wird rund einmal die Woche ausgetragen.

Der Dünger *Jeevamrutham* wird aus Kuhdung und -urin, Rohrzucker, Linsenmehl und Erde zubereitet

Das dritte Rad heisst *Achhadana* und meint einen Mulchteppich, also das ständige Bedeckthalten des Bodens mit Grünabfällen, wie man es etwa aus der Permakultur kennt. Es schützt den Boden vor Trockenheit und hilft dem Humusaufbau. Dabei ist vorgesehen, dass jede Bauernfamilie auch nach der Haupternte erneut Samen aussät, damit der Boden ganzjährig bedeckt ist. Die verschiedenen Kulturen sollen die Bodenfruchtbarkeit steigern, das Risiko eines Ernteausfalls mindern und ausserdem ganzjährig Erträge liefern.

Waaphasa ist das vierte Rad und meint die Saugfähigkeit und Luftdurchlässigkeit des Bodens: Ein gesunder Humus und eine gute Durchwurzelung sollen dafür sorgen, dass der Boden möglichst viel Feuchtigkeit speichern kann und mehr Kleinstlebewesen beherbergt.

Wer Subhash Palekars Methode vollumfänglich verfolgt, verwandelt seinen Acker in ein Agroforstsystem, zum Beispiel mit schattenspendenden Mangobäumen in jeder Ecke und Bananenstauden in der Mitte, darunter wachsen etwa Mais, Tamarinde, Hirse oder Kurkuma und viele andere (s. S. 170ff.).

Rundgänge auf Feldern von Bäuerinnen und Bauern in Andhra Pradesh zeigen: Viele setzen bisher nur einzelne Elemente der Methode um. Andere haben bereits komplexe Mischkulturen mit Agroforst errichtet.[159] »Entscheidend ist: Die Transformation hat begonnen«, sagt Vijay Kumar Thallam dazu. »Es ist eine Reise. Für die Bäuerinnen und Bauern beginnt sie oft mit einer unfruchtbaren, kleinen, bisher vernachlässigten Ecke. Wenn der Ertrag gut wird, sind sie die Helden im Dorf. Das nächste Jahr wird der Versuchsacker ein bisschen grösser. Bis zur kompletten Umstellung braucht es erfahrungsgemäss drei bis sechs Jahre.« Und er fügt an: »Als Minimalbedingung gilt von Anfang an: Keine chemischen Pestizide, kein synthetischer Dünger, eine möglichst grosse Vielfalt an Kulturen,[160] der Boden muss auch in der Trockenzeit immer grün bleiben, und alle Inputs, also Dünger, Saatgut oder biologische Hilfsstoffe, werden von den Bauernfamilien selbst oder im Dorf hergestellt. Keine Importe. Kühe spielen als Dung- und Urinlieferanten eine grosse Rolle.«

Was wir bei den Feldrundgängen auch beobachten können: stolze und selbstbewusste Bäuerinnen und Bauern. In jedem Dorf, das wir besuchen, versammelt sich eine Gruppe Frauen und Männer, die von ihren Erfahrungen erzählen. »Wir haben gesundes Essen und einen gesunden Boden, das macht uns glücklich«, sagt etwa eine Bäuerin, ein anderer Bauer fügt hinzu: »Wir kauften die Krankheiten von den grossen Konzernen. Seit der Umstellung sind wir gesund, und meine Cashewernte wirft jedes Jahr etwas mehr ab.« Was immer wieder betont wird: die wiedergewonnene Unabhängigkeit.

Mittlerweile experimentieren innerhalb des Bundesstaates bereits 10 Prozent der Bauernfamilien mit der Natürlichen Anbaumethode. Zum Beispiel die Bäuerin Ramadevi nahe dem Dorf Vellaturu,[161] etwa eineinhalb Fahrtstunden nordwestlich von Guntur. Sie betreibt eine Moringaplantage auf einem halben Hektar Land. Wie viele hier hat sie das Land nur gepachtet. Moringabäume bringen Stickstoff in den Boden, seine gefiederten Blätter sind essbar, seine Samen ein Heilmittel. Zwischen den Bäumen wachsen Tomaten, Fingerhirse, Senfpflanzen, Papaya, Feldbohnen, Chili und Blattgemüse, auch Früchte und Gewürze, insgesamt rund zwanzig verschiedene Kulturen. Und immer wieder erkennt man einen Rizinusbaum

Bäuerin Ramadevi

mit seinen grossen, gezackten dunkelgrün-rötlichen Blättern. Die Rizinusbäume vertreiben Insekten, ihr Öl ist ein wertvolles Heilmittel. Alle ihre Produkte verkauft

Saatgutkugeln. Eine Kugel enthält acht verschiedene Samen: Chili, Sonnenblume, eine Hülsenfrucht, eine Ölsaat, Senf, Koriander und zwei Hirsesorten. Die Kugeln werden vor dem Monsunregen ausgesät

Ramadevi auf dem lokalen Markt von Vellaturu, so wie ihre Nachbarinnen auch.

Die Bäuerin zeigt uns ihre Saatgutkugeln, die sie ebenfalls zum Verkauf anbietet, etwa so gross wie Pingpongbälle und steinhart. Wir können eine Kugel nur mit zwei grossen Steinen aufschlagen. Sie enthält acht verschiedene Samen: Chili, Sonnenblume, eine Hülsenfrucht, eine Ölsaat, Senf, Koriander und zwei Hirsesorten. Das Saatgut wird gemischt, mit *Beejamrutham* gebeizt, in nasse Erde eingepackt und getrocknet. Die Kugeln werden dann jeweils vor dem ersten Monsun gesät. Der erste leichte Sommerregen löst die harte Schlammschale auf und setzt die Samen frei, während die aufgelösten Schlammkrümel Wasser absorbieren – ideale Bedingungen für die Keimung während des Monsunregens.

Etwas versteckter, aber nicht weniger eindrücklich zeigt sich die Methode bei dem Jungbauern Baparao aus dem Dorf Athota, östlich von Guntur. Seit bald vier Jahren praktiziert der Fünfunddreissigjährige Natürliche Landwirtschaft auf zwei Hektar Land. Erst auf den zweiten Blick unterscheidet sich sein Feld von den Monokulturen seiner Nachbarn. An manchen Stellen ragen verschiedene Maissorten zwischen den langen Stängeln der Sorghumhirse heraus. Ringsherum wachsen

Jungbauer Baparao

Straucherbsen und wieder die Rizinuspflanze als Schädlingsbekämpfung. Am Rand steht das blaue Fass, in dem der natürliche Dünger *Jeevamrutham* lagert. Das Handy in seinem langen weissen Gewand klingelt ständig, »Kunden«, sagt Baparao. Seine Produkte, darunter auch zehn verschiedene Reissorten, Kurkuma- und Chilipulver, exportiert er heute mittels Onlineshop in das ganze Land.

Noch fehlen Langzeitstudien über die Wirksamkeit der ZBNF-Methode. Bisherige Erkenntnisse basieren auf Erfahrungen der Bäuerinnen und Bauern, die angehalten werden, Buch über die Veränderungen zu führen. Beim Jungbauern Baparao etwa ging die Ernte im ersten Jahr leicht zurück. Weil er jedoch Pestizide und Kunstdünger einsparte, reduzierten sich die Produktionskosten laut seinen Angaben um mehr als die Hälfte. Heute ernte er die gleiche Menge wie seine Eltern mit der konventionellen Anbaumethode. Diese Erfahrung deckt sich mit einer ersten Auswertung des autonomen Zentrums für Wirtschafts- und Sozialwissenschaften in Hyderabad, das ZBNF-Felder während eines Jahres untersuchte: Bei vielen Bauernfamilien ging die Ernte im ersten Jahr leicht zurück oder blieb stabil, während die Ausgaben mindestens um die Hälfte sanken. Laut Umfragen der Regierungsagentur RySS haben 88 Prozent der Landwirte im ZBNF-Programm ihr Einkommen verbessern können.

Noch bis vor kurzem arbeitete Baparao als Grafikdesigner in Hyderabad, einer Millionenmetropole im benachbarten Bundesstaat Telangana. 2016 beschloss er, zurückzukehren und das Land seines Vaters zu bewirtschaften. »Meine Eltern waren dagegen«, erzählt er auf der Veranda seines Hauses. Alle Familienmitglieder haben sich draussen versammelt, sein zweijähriger Sohn klettert auf seinem Schoss herum. Die Mutter sagt: »Ich wollte nicht, dass er Bauer wird.« Der Vater ergänzt: »Ich hatte Angst, er ruiniert unsere Familie.« Alle von Baparaos Vorfahren betrieben Landwirtschaft. Doch anders als hierzulande wird in Indien heute den Nachkommen davon abgeraten, in die Fussstapfen der Eltern zu treten. »Bauer sein hat einen sehr schlechten Ruf«, sagt Baparao. Ein anstrengender Job, von dem kaum eine Familie ernährt werden könne. Also ging er weg von Athota und lernte Grafikdesigner in Hyderabad. Doch so richtig glücklich wurde er nicht. »Mir fehlte die Natur.« Als seine Grossmutter an Krebs erkrankte und der Arzt die Arbeit mit den Pestiziden mitverantwortlich machte, beschloss Baparao mit seiner Frau zurückzukehren.

»Ich wollte eigenhändig Nahrung produzieren, die gesund für Mensch und Umwelt ist«, erzählt er. Er recherchierte im Internet nach Möglichkeiten einer pestizidfreien Landwirtschaft und stiess schnell auf Zero Budget Natural Farming. Er nahm an einem Training von Subhash Palekar mit Tausenden Kleinbauern und -bäuerinnen teil, das die Regierungsagentur RySS in Guntur durchführte. Bis heute, sagt Baparao, hätten von den 2000 Bauernfamilien in seinem Dorf rund 360 auf ZBNF umgestellt. Ein paar Dutzend davon habe er selbst überzeugt. In den ersten Jahren hatte er eine Rolle als Botschafter inne: Im Auftrag von RySS tingelte er von Bauernhof zu Bauernhof und versuchte, die Methode einer Natürlichen Landwirtschaft zu verbreiten.

Denn die Transformation folgt einem überlegten System:[162] Pro Gemeinschaft von rund 2000 Menschen werden von RySS drei Master-Landwirte identifiziert, meistens solche, die bereits davor mit Natürlicher Landwirtschaft experimentierten. Diese versuchen, weitere Bäuerinnen und Bauern in ihrer Umgebung zu überzeugen, und identifizieren dabei neue Master-Landwirte, die sich wiederum um die Weiterverbreitung der Methode kümmern. Ein solcher Master-Landwirt oder Botschafter überzeuge im Schnitt rund hundert Bauernfamilien. »Doch«, so betont Vijay Kumar Thallam, »eine Umstellung ist natürlich freiwillig.«

Das Schwierigste sei, die Einstellung der Landwirte zu ändern. Schliesslich wurde die chemische Schädlingsbekämpfung jahrzehntelang als Allheilmittel beworben. Seine Strategie sei deshalb, in die Verbreitung von Wissen zu investieren, statt mit finanziellen Mitteln falsche Anreize zu schaffen.

So erhalten die Bauernfamilien vom RySS keine einzige Rupie an Extrasubventionen. Sie kümmern sich eigenständig um die Produktion von *Jeevamrutham,* also vor allem um Kuhdung und -urin. Auch müssen sie das Saatgut selber erwerben oder aus ihrer eigenen Ernte gewinnen. Wer etwas braucht, etwa einen Stall oder eine Kuh, dem steht ein zinsloses Darlehen bei bestimmten Banken zur Verfügung. Dabei organisieren sich die Dörfer bisher gemeinschaftlich, vor allem über die Selbsthilfegruppen der Frauen. Meistens teilt sich ein Dorf einen Kuhstall, der den natürlichen Dünger an die Gemeinschaft liefert. »Es ist ihre Verantwortung, ihr Risiko«, sagt Kumar

Thallam. »Sie müssen ihre eigenen Kämpfe ausfechten, um unabhängig zu werden. Unsere Aufgabe ist es, ihnen mit Rat und Training beizustehen.«

Geld von der Regierung erhalten einzig die Angestellten von RySS; das sind einerseits die Master-Farmer, die die Methode verbreiten, andererseits gibt es Projektmanagerinnen für jeden der dreizehn Distrikte des Bundesstaates und Beauftragte, die sich um spezifische Themen wie Gesundheit oder Frauengruppen kümmern. Auch sind rund 300 Uni-Absolventinnen oder Studenten in Natürlicher Landwirtschaft angestellt. In sogenannten Feldschulen geben sie den Kleinbäuerinnen und -bauern jede Woche Workshops zur ZBNF-Methode und unterhalten selber Experimentierfelder.

Einer von ihnen ist der zwanzigjährige Hanuman. An einem heissen Vormittag, auf einem Feld etwas ausserhalb von Guntur, haben sich rund zwei Dutzend Bäuerinnen und Bauern versammelt. Sie sitzen auf einer blauen Plane aus Plastik, über ihnen ein mächtiger Teakbaum. Hanuman verteilt gruppenweise zwei Pappteller, auf dem einen liegt etwas Mehl, auf dem anderen ein Toastbrot. Dann weist er die Teilnehmerinnen und Teilnehmer an, aus einem Krug Wasser über die Teller zu giessen. »Beobachtet, was geschieht, und macht euch Notizen, wir werden später darüber sprechen.« Das Experiment ist schnell durchschaut: Beim Mehl fliesst das Wasser ab, in kleinen Rinnsalen hin zum Tellerrand. Im Mehlhäufchen drinnen bleibt es trocken. Anders bei der Toastbrotscheibe: Das Wasser wird sofort aufgesogen. Warum? Hanuman erklärt: Der

Wöchentliche Versammlung

grosse Unterschied sei, dass das Toastbrot Hefe, also Pilze, enthalte. Die Hefepilze liessen das Mehl-Wasser-Gemisch aufgehen, und das führe zu einem löchrigen Brot, das Wasser speichern könne und luftdurchlässig sei. Das sei ähnlich wie im Boden. »Auch die Erde braucht viele Pilze, Würmer[163] und Mikroben, damit sie durchlässig wird für Wasser und Luft«, sagt Hanuman. »Davon profitieren die Bodenlebewesen, die Pflanzenüberreste abbauen und sie zu wertvollen Nährstoffen umwandeln, die die Pflanzen wiederum gebrauchen können. Es entsteht ein gesunder, humusreicher Boden. Fehlten die Pilze und Lebewesen, erginge es dem Boden wie dem Mehlhäufchen auf dem Pappteller: Das Wasser prallt an der Oberfläche ab. Poröse Böden hingegen, vergleichbar mit dem Toastbrot, sind sehr gute Wasserspeicher.« Die Erde, so wird in der anschliessenden Diskussion klar, ist kein leeres Gefäss, das nur mit viel Dünger Ertrag erbringen kann, ganz im Gegenteil: Sie ist voller Leben, und dieses Leben, diese Pilze und Kleinstlebewesen sorgen für einen fruchtbaren Humus.

Das Experiment mit Mehl und einer Toastscheibe

Laut Schätzungen des RySS sind es 2,3 Milliarden Dollar, die für die Agrarwende in zehn Jahren aufgewendet werden müssen. Darunter fallen Löhne für die 6000 Personen, die für dieses Projekt arbeiten. Dafür erhält die Regierung teilweise grosszügige Unterstützung, darunter 16 Millionen von der philanthropischen Stiftung des indischen Grossindustriellen Azim Premji. Auch die Welternährungsorganisation FAO begleitet das Vorhaben, finanziell wie wissenschaftlich, ebenso sind das UN-Umweltprogramm UNEP und das World Agroforestry Centre ICRAF als Unterstützer dabei. Anfang 2020 hat ausserdem die deutsche Entwicklungspolitik über die Kreditanstalt für Wiederaufbau (KfW) Kredite in der Höhe von 90 Millionen Euro über fünf Jahre gesprochen. Und natürlich, sagt Kumar Thallam, müsse man nach weiteren Geldgebern suchen, darunter auch bei Banken.

Doch wo viel Geld im Spiel ist, sind Kritiker nicht weit. Dabei kommen sie ausgerechnet aus der linken Ökobewegung. Darunter ist die bekannte Aktivistin und Trägerin des Alternativen Nobelpreises Vandana Shiva.[164] Sie gilt als Pionierin der indischen Umweltbewegung und arbeitet seit Jahrzehnten daran, die Landwirtschaft ökologischer zu gestalten. Bei einem persönlichen Gespräch teilte sie uns ihre Zweifel mit: dass ein derart grosser Umbau der Landwirtschaft nicht top-down, also von oben nach unten, verordnet und durchgeführt werden könne. Ihre Erfahrung zeige, dass dies nur bottom-up, von der Basis her, zu schaffen sei. Sie ist überzeugt: »Sobald grosse Geldgeber die Arena betreten, besteht die Gefahr neuer Abhängigkeiten der Bauernfamilien.« Ausserdem propagiere der Guru Palekar ZBNF als die einzig richtige Methode. »Agrarökologie hingegen besteht aus sehr vielen unterschiedlichen Strömungen, die alle ihre Berechtigung haben«, so Vandana Shiva.

Tatsächlich bewirbt Subhash Palekar die ZBNF-Methode als eine Art neue Religion; er lehrt nicht bloss neue Techniken, wie zum Beispiel auf synthetische Pestizide verzichten oder verschiedene Kulturen gleichzeitig anpflanzen zu können, sondern einen neuen Lebensstil. Er fordert von den Bauernfamilien, ihr Leben zu ändern, sich mit der Mutter Erde zu verbinden und sich auf die eigene Kultur und Tradition zurückzubesinnen. Auch hindu-nationalistische Züge werden ihm nachgesagt, etwa weil er angibt, nur die Exkremente der indigenen indischen Kuh würden für die Methode taugen.

Vijay Kumar Thallam sieht das nicht so eng. »Ich kenne einen Bauern, der den Dung einer Ziege verwendet.« Es gebe bisher keine Belege dafür, dass nur die Exkremente der indigenen Kuh für die Methode taugen würden. Das RySS plane nun Experimente mit verschiedenen Kuhrassen, auch mit Büffeln, Ziegen oder Schafen, um mehr darüber herauszufinden. Dass die einheimische Kuh derart im Zentrum der Methode stehe, sei jedoch auch ein Vorteil: »Kühe sind in unserer Kultur tief verwurzelt und emotional wichtig«, sagt Kumar Thallam. »Sie verleihen den Bauern und Bäuerinnen das Gefühl, an die eigene Tradition angebunden zu sein.«

Für ihn ist die Nähe zu Guru Palekar Fluch und Segen zugleich: Einerseits erschwert sie die Glaubwürdigkeit des ZBNF-Programms an den staatlichen Universitäten,

Einheimische Kühe werden angespannt …

… um eine Mischung dieser Samenvielfalt auszusäen

die sich bisher noch grösstenteils davon distanzieren. Andererseits: »Ohne Palekar hätte die Methode nicht diese Popularität erreicht.« Trotzdem werde er ihn dieses Jahr nicht mehr zu einem Training nach Andhra Pradesh einladen, denn: »Wir haben jetzt unsere eigenen Visionäre«, sagt Vijay Kumar Thallam und meint damit Bäuerinnen und Bauern, die mit gutem Beispiel vorangehen und andere inspirieren. Das sei wichtig, denn: »Die Umstellung ist ein grosses Risiko und braucht eine Vision.« So müssten die Bauernfamilien mehr zusammenarbeiten, beobachten und selber entscheiden. »Das erfordert Mut.« Derweil erhält das Programm internationale Unterstützung aus der Wissenschaft. Neben der FAO begleitet auch die renommierte britische Universität Reading das Projekt wissenschaftlich und untersucht während dreier Jahre die Auswirkungen auf die Bodenqualität und das Pflanzenwachstum (s. S. 174).

Noch spricht die ZBNF-Methode vor allem Kleinbäuerinnen und -bauern an. Jene, die wie Ramadevi und Baparao zwischen einem halben und zwei Hektar Land bewirtschaften und mit 86 Prozent die Mehrheit der Bauernfamilien in Andhra Pradesh ausmachen. Risikoscheu sind jene, die mittlere oder grössere Landstücke gepachtet haben. So wie einige von Baparaos Nachbarn. Als er uns sein Reisfeld zeigt, kommen einige von ihnen näher, und nach kurzem Zögern erzählen sie, warum sie noch nicht zur ZBNF-Community gehören. »Ich habe nicht genügend Arbeitskräfte, um diese Methode anzuwenden«, sagt der eine. »Der Zwischenhändler bezahlt keinen höheren Preis für den Mehraufwand und die Qualität«, sagt ein anderer. Baparao erklärt: »Weil das Land nicht ihnen gehört, haben viele Angst, dass die Erträge sinken und sie die Pacht nicht begleichen können.« Tatsächlich ist die Vermarktung den ZBNF-Bäuerinnen und -Bauern bisher noch selbst überlassen. Die meisten verkaufen ihre Produkte eigenständig auf Märkten, andere betreiben einen eigenen kleinen Shop bei sich zu Hause. Dass sie einen Onlinehandel aufziehen, wie Baparao es getan hat, ist die Ausnahme. »Die meisten Bauernfamilien sind Analphabeten ohne Schulbildung, sie haben nicht das Know-how dafür«, sagt er.

Laut Vijay Kumar Thallam werde sich in einem nächsten Schritt eine Taskforce darum kümmern, ein Vermarktungskonzept für ZBNF-Produkte aufziehen, wovon auch grosse und mittlere Betriebe profitieren sollen. Dabei wolle man neue Wege gehen, anstelle einzelner Bauernfamilien sollen etwa ganze Distrikte ein ZBNF-Zertifikat erhalten und so die Bürokratie im Zaum halten. Ausserdem soll die Wertschöpfungskette möglichst vollständig in die Region geholt werden, und nicht die Ernte, sondern die Produkte sollen exportiert werden. Noch befinde man sich aber in Phase eins, sagt Kumar Thallam. »Die Transformation der Bauernfamilien ist der erste Schritt, alles Weitere folgt darauf.«

Derweil existieren in Andhra Pradesh die verschiedenen Anbaumethoden noch nebeneinander. Gerade im Distrikt Guntur, wo auch Baparao beheimatet ist, werden Monokulturen im grossen Stil bewirtschaftet. Wie vielerorts gibt es auch in seinem Dorf einen Shop, der Dünger und Pestizide von Bayer und Co. verkauft. Dort stapeln sich grüne und gelbe Plastiksäcke bis an die Decke und verbreiten einen beissenden Geruch.

Vielfalt in einem ZBNF-Feld

Baparao geht unbekümmert daran vorbei und winkt dem Verkäuferpaar freundlich zu. Nur wenige Meter entfernt an einer ruhigen Seitenstrasse befindet sich sein Düngershop, ein sogenannter Non-Pesticide-Management-Shop, der *Jeevamrutham* aufbereitet und verkauft. Er gehört dem ersten ZBNF-Bauern des Dorfes Athota. Ein einfaches Haus mit roten Ziegeln, davor sind zwei Kühe an einem Strick angebunden, weiss mit grossen schwarzen Augen und einem wohlgeformten Höcker. Ihr Urin fliesst in eine dafür gebaute Rinne und wird in einem grossen Behälter aufgefangen. Den Tieren ist es dabei wohl einerlei, dass sie es sind, von denen die gegenwärtige Agrarwende in Andhra Pradesh abhängt.

Persönliches Fazit: Wir waren beeindruckt, was in diesem Bundesstaat gerade passiert. Die vielen glücklichen Gesichter, die wir bei den Besuchen erlebt haben, ihr Stolz auf ihre neugewonnene Unabhängigkeit. Und die stupende Vielfalt in den Feldern.

Was dieses Unterfangen so einmalig macht, sind zwei Faktoren. Zum einen die Kraft von unten, das dichte Netz an Unterstützung in jedem Dorf. Die Natürliche Landwirtschaft erfordert eine neue Art der Zusammenarbeit, Betreuung und Schulung. Bäuerinnen und Bauern werden nicht alleingelassen und agieren vermehrt als Gemeinschaft.[165] Zum anderen die Unterstützung von oben: eine Regierung, die das Programm fördert, alle Kompetenzen in der eigens dafür gegründeten Agentur RySS fokussiert, klare Richtlinien vorgibt und diese auch finanziell und institutionell unterstützt. Und die auch immer wieder eng mit Forschern und Forscherinnen aus aller Welt zusammenarbeitet. Das könnte ein Rezept nicht nur für Andhra Pradesh, sondern für viele Länder dieser Erde sein – so wie dies auch Hans Herren und Benny Haerlin in den nächsten Kapiteln vertreten.

Ein essbarer Waldgarten in Tamil Nadu

Wie sieht es aus, wenn die Methode des Zero Budget Natural Farming in ihrer Vollkommenheit ausgeführt wird? Das konnten wir im indischen Bundesstaat Tamil Nadu, der im Südosten des Landes direkt an Andhra Pradesh angrenzt, erfahren. Dort finden sich aktuell etwa fünfzig ZBNF-Modellfarmen, auf denen sich das Prinzip, nach dem die Methode aufgebaut ist, gut beobachten lässt. Die praktizierenden Bäuerinnen und Bauern wurden dabei vom Lehrer Vetri[166, 167] angeleitet, einem Anhänger von Subhash Palekar, wichtigster Treiber hinter ZBNF.

Wir besuchen die Farm des Bauern Sabarinathan, nur wenige

Kilometer von der ehemaligen französischen Kolonialstadt Pondicherry entfernt. Ein staubiger Weg führt uns zu seinem Feld, das eigentlich so gar nichts mehr mit einem Feld, wie wir es kennen, zu tun hat. Vielmehr treten wir ein in einen Waldgarten, in dem uns eine angenehme Kühle entgegenkommt, während draussen das Thermometer bereits mehr als 36 Grad anzeigt. Kaum zu glauben, dass hier bis 2016 noch eine Kokospalmen-Monokultur gestanden haben soll, mit einer Ernte pro Jahr, regelmässig mit zehn Chemikalien gespritzt.

Vetri und seine Tochter

Dann haben Sabarinathan und seine Freunde auf einem halben Hektar Land rund 2000 Bäume gepflanzt,[168] dazwischen rund 8000 andere Pflanzen,[169] im Ganzen 27 verschiedene Arten auf fünf Etagen: Unter der Erde Wurzelgemüse wie Kurkuma oder Ingwer, dann folgen bodenbedeckende Pflanzen, über diesen wachsen Sträucher, über den Sträuchern wachsen kleinere und zuletzt grosse Bäume mit ihren Kletterpflanzen.

Denn der Waldgarten wächst nicht zufällig, sondern folgt einem sorgfältigen Plan: Der halbe Hektar ist in Teilflächen von 11 mal 11 Quadratmetern aufgeteilt, deren Eckpunkte je ein Mangobaum markiert. Dazwischen sind 90 Zentimeter breite Pflanzenbeete, jeweils von einem Wassergraben begrenzt. In der Mitte jedes Beetes wachsen die verschiedenen Bäume in einer Reihe, unter und neben den Bäumen spriessen die anderen Pflanzen; solche, die schnell wachsen, neben denen, die langsamer wachsen; solche, die tief wurzeln, neben denen, die flach wurzeln; solche, die Sonnenlicht brauchen, und andere, die unter einem Schattendach gut gedeihen. Die Wassergräben

Eine einheimische Kuh mit Vetris Tochter

werden mit Mulch gefüllt, darin wachsen Gurken und andere Bodenschleicher.

Die Pflanzen werden einmal pro Woche mit *Jeevamrutham,*[170] dem natürlichen Dünger der ZBNF-Methode, gedüngt, das Sabarinathan selber herstellt. Bewässert werden nur die Wassergräben, nicht die Pflanzen selbst, denn so müssen sie ihre Wurzeln in die Gräben wachsen lassen. Das mache sie stark, erklärt der Bauer. Bewässert wird wöchentlich höchstens dreimal je 10 Minuten – im Vergleich zur konventionellen Landwirtschaft extrem wenig.

Die Transformation von einer Monokultur zu einem Waldgarten braucht Vorbereitung, wie Sabarinathan erklärt. Zu Beginn musste er rund 2500 Dollar für seinen halben Hektar investieren:[171] Er musste das Gelände nivellieren, Wassergräben ausheben, ein Bewässerungssystem mit Schläuchen installieren, für die Kosten von Saatgut, Setzlingen und einer Kuh aufkommen. Das System ist so aufgebaut, dass alles gleichzeitig gepflanzt wird und dann ganzjährig Einkommen generiert. Nach etwa 40 Tagen können als Erstes Tagetes und Rettiche geerntet werden, anschliessend Gemüse wie Auberginen, Okra oder Tomaten, dann Drumsticks von den Moringabäumen, etwas später Papayas, Kurkuma und Cassava und als Letztes Bananen. Nach zwei bis drei Jahren folgen die Früchte von Mango-, Zimtapfel-, Guaven- und Cashewbäumen. Nach einem Jahr habe eine Familie die Anfangsschulden abbezahlt und sei von da an schuldenfrei, also *zero budget*.

Zusammen mit seinem Lehrer Vetri und zwei Mitstreitern führt Sabarinathan monatlich Trainingsseminare durch, berät die Bauernbetriebe und unterstützt wo immer möglich. Das grösste Hindernis sei, dass die Regierung des Bundesstaates Tamil Nadu wenig von ZBNF halte. Gleichzeitig habe sie grossen Einfluss auf die Bauernfamilien, sie subventioniere Dünger und Pestizide und führe regelmässige Beratungen durch. »Die Regierung sagt, was zu kaufen und wie und wann anzupflanzen ist. Da ist es für einzelne Bauernfamilien extrem schwierig, sich davon zu lösen«, sagt Sabarinathan. Die ZBNF-Bewegung wächst hier von unten, da die Staatsdoktrin noch immer eine Monokulturlandwirtschaft mit Chemieeinsatz ist – ganz im Gegensatz zu Andhra Pradesh.

Kultureller Chauvinismus oder zukunftsweisende Landwirtschaft?

Die wissenschaftliche Gemeinschaft, z. B. die Natural Academy of Agricultural Sciences, eine von der indischen Regierung finanzierte Forschungsplattform, übt heftige Kritik an Zero Budget Natural Farming. ZBNF, wie dies der Begründer Subhash Palekar predige, könne nicht funktionieren. Sein Mantra, dass der Dung und Urin einer einzigen einheimischen Kuh für etwas mehr als einen Hektar reichen würde, um den Stickstoffbedarf zu decken, sei komplett ungenügend. Der Ertrag werde wahrscheinlich um 30 Prozent sinken. Palekars Aussagen enthielten irrationale Behauptungen in Bezug auf den Nährstoffbedarf. Ihr hartes Fazit: »Das alles stinkt nach kulturellem Chauvinismus, der unkritisch indigenes Wissen und reaktionäre Wesensmerkmale der Vergangenheit zelebriert.«[172]

Im Büro von Vijay Kumar Thallam treffen wir auf Chris Collins und sein Team von der britischen Universität Reading. Sie haben gerade ein dreijähriges Forschungsprojekt abgeschlossen, bei dem sie an rund zwanzig Orten in ganz Andhra Pradesh Bodenparzellen miteinander verglichen, die mit ZBNF, also Natürlicher Landwirtschaft, und mit konventionellen Methoden bearbeitet wurden. Sie massen den Nährstoffgehalt (Stickstoff, Phosphor, Kalium) einer jeden Parzelle sowie die Bodenfeuchtigkeit und die Wasserinfiltrationsraten, Dichte, Temperatur und Säuregehalt (pH-Wert), sie zählten Regenwürmer und nahmen Bodenproben, um DNA-Analysen von Mikropopulationen zu machen, und vieles mehr. Ihre Resultate? »Die sind noch provisorisch, sie müssen noch genau ausgewertet werden«, sagt Chris Collins. »Es zeigt sich aber eine klare Tendenz: Die Böden von ZBNF-Betrieben waren oft sehr gesund, enthielten genug Nährstoffe, allem voran Stickstoff, und hatten sich nach jahrelanger Chemielandwirtschaft erstaunlich schnell erholt.« Und der Bodenchemiker fügt an: »Wir selber sind über die Resultate nicht so erstaunt. Denn die Bodennetzwerke spielen bei der Bodenfruchtbarkeit eine zentrale Rolle.« Doch es sei wichtig, dies wissenschaftlich zu belegen. Und damit die eindimensionalen Berechnungen wie jene der Natural Academy of Agricultural Sciences zu widerlegen.

XIII. ALLERGISCH GEGEN MONOKULTUREN

Gespräch mit Hans Herren, den ich vor sechzehn Jahren am Forschungsinstitut ICIPE in Kenia besuchte

»Es geht immer um das ganze System, nie um isolierte Einzellösungen, die funktionieren allermeistens nicht« – wie oft hatte ich diese Aussage während meiner langjährigen Bekanntschaft mit Hans Herren von ihm gehört, an Konferenzen, Vorträgen, Streitgesprächen mit der Industrie, im privaten Kreis. Hans Herren, dreiundsiebzig Jahre alt und gebürtiger Schweizer, hat seine Karriere als Insektenforscher begonnen und berät heute im Auftrag der UNO afrikanische Regierungen, wie sie Entscheidungen auf der Basis von Systemmodellen ganzheitlich treffen können.

Im Jahr 1995 erhielt er den Welternährungspreis, weil es ihm gelungen war, die in ganz Afrika grassierende Maniok-Schmierlaus mit Schlupfwespen und Marienkäfern erfolgreich zu bekämpfen, ohne Pestizide und ohne Kosten für die Bauern.[173] 2013 wurde er mit dem Alternativen Nobelpreis geehrt. Von 1994 bis 2005 war er Direktor des International Centre of Insect Physiology and Ecology (ICIPE) in Kenia.

Vor sechzehn Jahren besuchte ich das ICIPE und Hans Herren in Nairobi mit einer Gruppe von Medienleuten und einem Videoteam. Das Institut erforscht, mit welchen natürlichen Mitteln die schlimmsten Plagen Afrikas – Malariamücken, Tsetsefliegen, Heuschrecken und Maisschädlinge – bekämpft werden können.[174] Hans Herren betonte: Keine und keiner forsche hier im Labor hinter verschlossenen Türen. Interdisziplinäre Forschung sei zentral, auch Bauern und Bäuerinnen würden einbezogen. Thema sei immer der ganze Kreislauf und das ganze System mit allen sozialen Folgewirkungen.

Stängelbohrer

Ein Beispiel hierfür ist die Bekämpfung von Stängelbohrer und Striga in Maiskulturen. Im Osten und Süden Afrikas ist Mais das wichtigste Lebensmittel. Seine schlimmsten Feinde sind der Stängelbohrer und die Striga-Pflanze *(Striga hermonthica).* Der Stängelbohrer allein kann in kürzester Zeit bis zu 80 Prozent der Ernte vernichten. Werden die Felder von Stängelbohrer und Striga gemeinsam heimgesucht, fällt oft die gesamte Ernte aus. Vor mehr als zwanzig Jahren entwickelte ein Team um den indischen Professor Zeyaur Khan am ICIPE eine Strategie, um die beiden Schädlinge zu bekämpfen. Ohne Insektizide, ohne Herbizide. Vielmehr mit Pflanzendüften.

Mit einem Forscherteam des ICIPE besuchten wir die Bäuerin Rispa Ouzo, nahe dem Victoriasee, die mit dem ICIPE zusammenarbeitete. Sie führte uns zu einem kleinen Maisfeld, das einen erbärmlichen Anblick bot. Die

Rispa Ouzo vor dem von Stängelbohrer und Striga zerstörten Maisfeld (2005)

Pflanzen waren kaum einen Meter hoch, die Blätter von einem gelblichen Grün und teilweise zerfetzt, nur ganz vereinzelt sahen wir Kolben. Gleich daneben aber standen in saftigem Dunkelgrün zwei Meter hohe Pflanzen mit gesunden und kräftigen Kolben. Es war die gleiche Maissorte, am gleichen Tag gesät.

Extremer hätte der Unterschied zwischen den beiden Feldern nicht sein können. Das eine war Opfer von Stängelbohrer und Striga geworden. Doch was war das Geheimnis des unversehrten Maisfeldes? Zwischen die Maisreihen hatte die Bäuerin die bodenbedeckende Bohnenpflanze Desmodium gepflanzt. Deren Duft riecht für die Stängelbohrer-Motten abstossend und vertreibt sie aus dem Feld.[175] Das ist der eine Teil des Systems. Rund um das Maisfeld hatte sie drei Reihen Napiergras angebaut. Der Geruch dieses Grases zieht den Stängelbohrer an und lockt ihn aus dem Maisfeld heraus. Das Napiergras produziert zudem einen klebrigen Stoff, der für die Larven des Stängelbohrers zur

Rispa Ouzo vor dem Maisfeld, das dank Push-pull gesund ist

Falle wird.[176] Hinaustreiben und anlocken, auf Englisch: Push-pull – so heisst die Methode.

Darüber hinaus, und das erwartete niemand, hatte Desmodium auch das Unkraut Striga unterdrückt. Ein wahrer Glücksfall, denn so wunderbar rosarot Striga auch blüht, es zapft die Maiswurzeln an, entzieht ihnen wichtige Nährstoffe und ist kaum auszurotten. Wie Desmodium die Striga-Pflanze unschädlich macht, wusste man damals noch nicht.

Mir bleibt die Bäuerin Rispa Ouzo in lebhafter Erinnerung, wie sie stolz erzählte, dass sie nun genug Essen für die ganze Familie habe und erst noch Napiergras und Desmodium als Viehfutter verkaufen und damit das Schulgeld für zwei Kinder bezahlen könne. Das mache sie glücklich. Ihr Plan sei, in Zukunft Desmodium anzupflanzen, um dessen Samen ihren Nachbarinnen zu verkaufen. Denn inzwischen wollten viele im Dorf auf das Push-pull-System umsteigen.

Die Forscher des ICIPE fügten an, dass dank der Desmodium-Untersaat der Boden bedeckt und vor Erosion geschützt sei. Das Wasser werde zurückgehalten und die Bohnenpflanze Desmodium bringe zudem Stickstoff in den Boden. Und vor allem: Es sei eine »gerechte Lösung« – die Bäuerinnen würden unabhängig und müssten keine Pestizide und Kunstdünger mehr kaufen.

Das war vor sechzehn Jahren. Wo steht Push-pull heute? Welche Fortschritte hat die Agrarökologie in Afrika gemacht? Das möchte ich von Hans Herren wissen.

Er ist heute nicht mehr Direktor des ICIPE, sondern arbeitet am Millennium-Institut in Washington, D.C.

Hans Herren im Gespräch mit Florianne Koechlin

und ist Mitbegründer und Präsident der Schweizer Stiftung Biovision, die 1998 gegründet wurde und viele Forschungsprojekte und Selbsthilfegruppen in Afrika unterstützt.[177]

Ich treffe ihn an einem regnerischen, kalten Tag im Winter 2020 im Büro von Biovision in Zürich. Es ist ein heller Büroblock, wir beziehen ein Zimmer im dritten Stock. Hans Herren, grossgewachsen, in Jeans, kariertem Hemd und Kittel, ungeduldig und energiegeladen wie eh und je, ist gleich mitten im Thema.

»Wir haben inzwischen andere Futtergräser gefunden, die den Stängelbohrer ebenfalls aus dem Feld locken.«[178] Denn Napiergras habe sich in manchen Gegenden als krankheitsanfällig erwiesen und sei nicht sehr trockenresistent, eine Anforderung, die in Zeiten des Klimawandels wichtig sei. Heute werde Push-pull nicht nur bei Mais, sondern auch bei Sorghum und einigen anderen Hirsesorten angewendet. Inzwischen wisse man auch, warum Desmodium den Pflanzenparasiten Striga austrickst: Es scheidet in der Wurzel Botenstoffe aus, die Striga-Samen zwingen, vorzeitig zu keimen. Dann kann Striga nicht mehr an Maiswurzeln andocken und sich vom Mais ernähren.[179] Was überrascht hat: Desmodium wirkt auch gegen einen neuen Schädling, der zurzeit in ganz Afrika wütet, sich schnell ausbreitet und grosse Schäden anrichtet: den Herbstheerwurm *(Spodoptera frugiperda).* »Wir haben beobachtet, dass alle Bäuerinnen und Bauern, die mit Push-pull arbeiten, weniger Schäden hatten«, sagt Hans Herren. »Denn Desmodium-Pflanzen bilden unter den Maispflanzen einen dichten Teppich. Die Herbstheerwurm-Raupen fallen von oben herab und landen auf diesem Polster. Sie gelangen gar nicht in den Boden, in den sie sich hineinbohren und wo sie sich verpuppen würden. Auf dem Desmodium-Teppich aber werden sie leichte Beute zahlreicher Räuber, allen voran Ameisen und Spinnen.«

Desmodium also bildet eine physikalische Barriere gegen den Herbstheerwurm, vertreibt mit seinem Duft den Stängelbohrer und signalisiert Striga unter dem Boden, vorzeitig zu keimen, liefert Stickstoff in den Boden und kann zusammen mit Napiergras als proteinreiches Tierfutter verkauft werden. Alles in einem. »Es ist immer das Gleiche«, sagt Hans Herren, »ein komplexes System funktioniert einfach besser.« Denn komplexe Systeme ertrügen Dürre, Kälte und Überflutungen besser und würden sich effizienter und auf mannigfaltige Art und Weise gegen Fressfeinde und Krankheitserreger wehren – ganz im Gegensatz zu Monokulturen. »Unsere Aufgabe ist es, herauszufinden, wie komplex und vielfältig ein System werden kann, um immer noch guten Ertrag zu ergeben, und wie es dennoch für die Bäuerinnen und Bauern leicht zu handhaben ist.«

Doch wie erfolgreich hat sich die Push-pull-Methode in den letzten fünfzehn Jahren verbreitet? Wie viele Bauernfamilien, neben Rispa Ouzo, schwören auf Push-pull? »Die Methode wird heute von über 250 000 Bauernfamilien in achtzehn afrikanischen Ländern angewendet, die Erträge haben sich im Schnitt verdoppelt oder verdreifacht«, sagt Hans Herren. Dafür hätten Biovision, das ICIPE und befreundete NGOs grosse Anstrengungen unternommen: Inzwischen stehe umfangreiches Informationsmaterial zur Verfügung, neben Englisch auch in lokalen Sprachen, wie Swahili, Chichewa, Tumbuka, Chinyanja, Kinyarwanda und Französisch. Ein Push-pull-Comic erheitert Kinder, eine ausführliche Datenbank (www.push-pull.net) schaltet News und nützliche Hinweise auf, es gibt Trainingscamps, Schulungskurse, Farmbesuche. Das Farmer Communication Programme (FCP) von Biovision informiert nicht nur über Push-pull, sondern unterstützt Bauernfamilien beim Umsteigen. Die monatlich erscheinende Zeitschrift *The Organic Farmer* wird heute von lokalen, speziell ausgebildeten Journalisten und Journalistinnen betreut und erreicht rund 250 000 Bauernfamilien und mehr als 2300 Bauerngruppen. Zudem wurde die zentrale Datenbank www.infonet-biovision.org aufgebaut, die ausführliche Beschreibungen zu allen wichtigen Schädlingen, deren Gegenspielern und anderen Nützlingen enthält sowie Tipps für gute Anbaumethoden oder ökologische Bekämpfungsmöglichkeiten.

Doch wenn die Erfolge dieser und anderer agrarökologischer Methoden[180] so durchschlagend sind und Bauernfamilien den Ertrag um das Doppelte oder gar Dreifache steigern können, ganz ohne Chemie, warum sind es dann nicht mehr? 250 000 Bauernfamilien auf einem Kontinent mit mehr als einer Milliarde scheinen auf Anhieb nicht so viel.

»Das ist genau der Punkt«, sagt Hans Herren. »Ich habe jetzt lange genug in Afrika geforscht. Wir haben Lösungen, wir wissen, wie man die ganze Landwirtschaft auf Nachhaltigkeit umstellen kann. Das können wir zeigen. Biovision und befreundete NGOs machen da einen hervorragenden Job. Doch nun braucht es das politische Umfeld, das den Richtungswechsel hin zu einer agrarökologischen Landwirtschaft fördert, und zwar nicht nur auf ein paar Modell-Bauernhöfen, sondern flächendeckend.« Dafür seien politische Rahmenbedingungen und anfangs auch Geld nötig. »Ich habe gemerkt, dass es da eine Glasdecke gibt, wo man nicht weiterkommt. Diese Glasdecke ist die schlechte Politik, die Handelspolitik zum Beispiel, und da müssen wir ansetzen. Wenn die Politik nicht stimmt, kann man überall etwas beginnen und wird dann doch blockiert.«

Darum habe er gewechselt: von der Forschung im Feld in die Politik. Heute leitet er das Millennium-Institut in Washington, D.C. Das Institut arbeitet im Auftrag der UNO eng mit afrikanischen Regierungen zusammen. Mit Modellsystemen sollen die Regierungen befähigt werden, Szenarien durchzuspielen. Es gehe dabei nicht nur um Landwirtschaft, sondern auch um Biodiversität, Gesundheit, Bildung, wirtschaftliche Entwicklung, auch Gerechtigkeit und um Fragen wie: Was sind die Konsequenzen gewisser politischer Entscheide, was kosten sie, wann muss man mit einer Umwälzung beginnen, wie kann man negative Rückkopplungen vermeiden? Dabei unterstützt das Institut die lokalen Regierungen bei der Interpretation der Szenarien und schult Personal mit dem Ziel, dass sie Veränderungen selber in die Wege leiten. »Wir sagen nicht, was sie tun sollen. Wir geben ihnen die Werkzeuge, damit sie selber herausfinden können, wie die Landwirtschaft umgestellt und wie Gesundheit, Umwelt, Biodiversität, Bildung und Ökonomie vernetzt werden können.«

Bis jetzt, sagt Hans Herren, arbeitet das Millennium-Institut mit den Regierungen von rund fünfzehn Staaten zusammen, darunter Kenia, Senegal, Mali, Burkina Faso, Äthiopien, Tansania und die Elfenbeinküste. Kürzlich erhielten sie auch die Unterschriften aus Nigeria, Ruanda und Kamerun. »Es braucht natürlich Jahre, bis eine solche Politik entwickelt und finanziert ist und sich auch durchsetzt«, sagt Hans Herren.[181, 182, 183] »Doch ich finde es sehr interessant, dass man auch oben daran arbeitet, um das, was unten bereits gemacht und erforscht wird, einfach nach oben zu tragen. Dass der Systemansatz langsam auch oben Gehör findet.«

Drei Projekte des Forschungsinstituts ICIPE, unterstützt von Biovision

Tsetsefliegen und Push-pull

Tsetsefliegen *(Glossina)* übertragen die Schlafkrankheit auf Menschen und auch verschiedene, zum Teil tödliche Krankheiten auf Rinder. Zu ihrer Bekämpfung entwickelte das ICIPE eine Push-pull-Methode: Ein Band um den Hals eines Rindes oder Zebus enthält einen Geruchsstoff, der Tsetsefliegen abstösst. Forscherinnen und Forschern des ICIPE war aufgefallen, dass Wasserböcke nie von Tsetsefliegen befallen wurden; sie vermuteten, dass Wasserböcke im Schweiss einen Geruchsstoff absondern, den Tsetsefliegen nicht ertragen. Sie fanden schliesslich den dafür verantwortlichen Geruchsstoff und stellen ihn seither im Labor her. Das ist die Push-Seite. Als Lockmittel, also als Pull-Seite, dienen pyramidenförmige blaue Zelte am Feldrand. Die blaue Farbe lockt die Fliegen an. Sind sie erst in der Pyramide, gibt es kein Entrinnen. Sie fliegen nach oben, dem Licht entgegen, geraten in einen Plastiksack, der im Zeltgiebel befestigt ist, und gehen in der Sonnenhitze ein. Als zweites Lockmittel steht unter den Fallen eine mit Kuhurin gefüllte Büchse. Der Uringeruch zieht die Fliegen an. Mit dieser Push-pull-Methode können die Tsetsefliegen um mehr als 90 Prozent reduziert werden. Zentraler Bestandteil des Projekts ist auch, dass die Hirten, die Schulen und die Dorfgemeinschaften miteinbezogen werden.

Gesunde Tomaten dank Schlupfwespen und Pilzsporen

Die 2006 aus Südamerika eingeschleppte Tomatenminiermotte *(Tuta absoluta)* richtet in Kenia grosse Schäden ein. Sie hat in Afrika kaum natürliche Feinde und zerstört in manchen Fällen bis zu 100 Prozent der Tomatenernten. Forscher und Forscherinnen des ICIPE suchten in Südamerika, im Ursprungsgebiet der Tomate, nach natürlichen Feinden der Motte. Sie fanden eine Schlupfwespe, die ganz spezifisch nur die Tomatenminiermotte angreift und sie parasitiert. Nach sorgfältigen Prüfungen werden sie am ICIPE in Kenia gezüchtet. Weiter wird an einem Pilz geforscht, dessen Sporen die Tomatenminiermotte befallen und sie unschädlich machen. So soll ein natürliches Gleichgewicht hergestellt werden. Die Entwicklung von Lösungen im Labor ist aber nur ein erster Schritt. Bäuerinnen und Bauern werden geschult und die Dorfgemeinschaften mit einbezogen, damit sie die Methode anwenden können.

Die Schlupfwespe erreicht Äthiopien

Aus Asien eingeschleppte Fruchtfliegen führen regelmässig zu grossen Einbussen bei der Mangoernte in Kenia, aber auch in vielen anderen afrikanischen Ländern. Die Weibchen der Fruchtfliege legen ihre Eier in die Mango, aus ihnen schlüpfen bald Maden, die die Frucht verfaulen lassen. Auch gegen die Fruchtfliege hat sich der Einsatz spezieller Schlupfwespen bewährt. Das findet in Kenia schon breite Anwendung. Nun werden Schlupfwespenprogramme auch in anderen Ländern eingeführt, zum Beispiel in Äthiopien. Im Labor des ICIPE Äthiopien werden Schlupfwespen gezüchtet und den Bäuerinnen und Bauern verteilt, Schulungskurse und Beratungen gehören auch zum Programm. In Tansania hat sich diese Methode ebenfalls bewährt.

Konzentration der globalen Agroindustrie

Agrochemikalien: Die Top Vier (ChemChina [Syngenta], Bayer [Monsanto], BASF, Corteva [DuPont und Dow]) erzielen zusammen 65,8 Prozent des globalen Umsatzes.

Kommerzielles Saatgut: Die Top Vier (Bayer, Corteva, ChemChina, Limagrain) erzielen zusammen 53,2 Prozent des globalen Umsatzes.

Düngemittel: Die Top Zehn erzielen über 50 Prozent des globalen Umsatzes.[184]

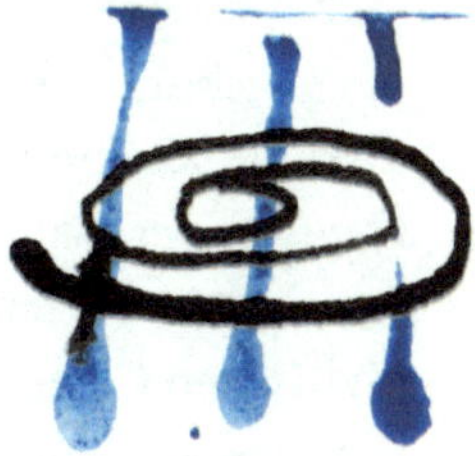

XIV. LEERGEFEGTE LANDWIRTSCHAFT

Gespräch mit Benny Haerlin von der Zukunftsstiftung Landwirtschaft

Benny Haerlin bezeichnet sich selber als Aktivist. Er politisierte von 1984 bis 1989 für die Grünen im Europaparlament, leitete später bei Greenpeace International die Kampagne gegen Agrogentechnik und arbeitet seit 2002 bei der Zukunftsstiftung Landwirtschaft in Berlin.[185] Er leitet die Kampagne SOS (Save Our Seeds), lobbyiert in Brüssel und in Berlin für eine nachhaltigere Landwirtschaft, organisiert Kongresse, sein Büro unterhält einen regelmässigen Nachrichtendienst – die Liste ist lang.

Ich kenne Benny Haerlin seit vielen Jahren, wir haben oft zusammengearbeitet. Im Februar 2020 besuchten wir gemeinsam Andhra Pradesh in Indien (s. Kapitel XII).

Als Greenpeace-Vertreter arbeitete er am Weltagrarbericht[186] mit, einem gigantischen, von Weltbank und UNO initiierten Unterfangen, in dem über 400 Wissenschaftlerinnen und Forscher vier Jahre lang untersuchten, wie Hunger und Armut am besten bekämpft werden könnten. Der Bericht wurde 2008 im südafrikanischen Johannesburg verabschiedet und von der Schweiz mitunterzeichnet.

Benny Haerlin ist Mitherausgeber des Buches *Transformation of our food systems,*[187] das soeben erschienen ist. Es fragt: Wo stehen wir heute, gut zehn Jahre nach der Veröffentlichung des Weltagrarberichts? Für ein Gespräch über die Zukunft der Landwirtschaft erreiche ich Benny Haerlin per Skype in Mecklenburg-Vorpommern, wo er mit seiner Frau Katharina wohnt und einen grossen, idyllischen Garten bepflanzt. Vor allem seit dem Corona-Lockdown arbeitet er viel im Homeoffice und weilt nur noch selten in Berlin.

Du warst als Greenpeace-Vertreter an der Erarbeitung des Weltagrarberichts beteiligt, in dessen Mittelpunkt die Agrarökologie stand. Was sind deren Kernpunkte?
Eine möglichst grosse Vielfalt kultivieren, Kreisläufe schliessen, Bodenfruchtbarkeit aufbauen, Ressourcen schonen. Agrarökologie ist dabei nie nur eine Anbautechnik, sondern immer auch eine Form des sozialen Zusammenhalts und der lokalen Kultur. Ernährungssouveränität, ein wichtiges Konzept, das der Weltagrarbericht aufgegriffen hat, beginnt in den Gemeinden, also von unten nach oben. Wichtig ist auch die Verbindung von Verbrauch und Produktion, die Suche nach integrierten Lösungen, die genug Lebensmittel für alle garantieren.
Im neuen Buch stellt ihr die These auf, dass in den letzten zehn Jahren in der Landwirtschaft tatsächlich ein Paradigmenwechsel stattgefunden hat. Ist das so?
Hätte ich vor zehn Jahren gesagt, dass der Zusammenschluss der internationalen Agrochemie- und Gentechnikkonzerne, CropLife, auf seiner Website[188] versucht, Agrarökologie zu definieren und sich dabei als globalen Treiber auf diesem Feld zu präsentieren, hätte mich wohl noch jeder für verrückt erklärt. Da hat ein tiefgreifender

Wandel begonnen. Es wird anerkannt, dass es planetare Grenzen der Belastbarkeit[189] gibt. Die Erderhitzung, der dramatische Verlust der Artenvielfalt, die Bodenerosion und Vergiftung unserer Bäche und Seen, der ganze Ressourcenverschleiss, da sind sich heute fast alle einig: So kann es nicht weitergehen. Das Problem wird nicht mehr ernsthaft geleugnet. Doch die Antworten auf diese Herausforderung könnten freilich unterschiedlicher nicht sein.

Benny Haerlin

Doch was verstehen Bayer/Monsanto und Co. unter Agrarökologie?

Ihr Argument ist, dass die Komplexität landwirtschaftlicher Systeme derart gigantisch sei, dass ein einzelner Bauer oder eine Bäuerin dies mit ihrem Wissen oder ihrer Intuition nicht mehr erfassen könne. Sie gehe über die Kapazität eines Menschen hinaus. Menschen machten Fehler, seien unzuverlässig. Nur eine Digitalisierung könne die weltweite Landwirtschaft tatsächlich agrarökologisch gestalten. Ihre Definition von Agrarökologie ist also eine technische. Es bedürfe ihrer Computermodelle zur Rettung des Planeten. Aus ungeheuren Datenmengen sollen statistische Zusammenhänge modelliert, hochgerechnet und mit Algorithmen optimiert werden. Das verbindet sich mit einer Explosion neuer Techniken vom Feldroboter bis zur Gentechnik. Die Digitalisierung spielt dort eine entscheidende Rolle, um all die Daten zu verwerten, die heute jeder Schlepper, jeder Mähdrescher, jede Drohne, jeder Satellit und jeder Genomscanner sammelt.

Die Agrarindustrie strebt also unter dem Begriff Agrarökologie eine Digitalisierung der weltweiten Landwirtschaft an. Geht es dabei auch darum, sie zu kontrollieren?

Bayer hat für die Übernahme von Monsanto keinen so hohen Preis für deren altes Herbizid Glyphosat und das genmanipulierte Saatgut bezahlt. Es ging um den Vorsprung, den Monsanto bei der Digitalisierung, der Genomanalyse und anderen neuen Techniken hat. Nur mit neuen Techniken lässt sich der Umsatz noch steigern.

Inwiefern?

Die grosse Herausforderung für die Agrarindustrie ist: Wie können wir weiter wachsen? Der Verkauf von Saatgut und Pestiziden lässt sich nicht unendlich steigern. Die Landwirtschaftsfläche ist begrenzt, und Pestizide sind weltweit in Verruf.

Das ruft aber auch neue Player auf den Plan. Letzthin las ich, dass sich Internetgiganten wie Amazon, Google oder Alibaba plötzlich für die digitale Landwirtschaft als neues Geschäftsfeld[190] *zu interessieren beginnen.*

Die digitale Überwachung ist ja schon Realität. Kein Landwirt in der Europäischen Union kann mehr ohne Computer seine Subventionen beantragen. Auch deren Überwachung funktioniert vor allem mit Satelliten: Haben die Bauern in Sizilien wirklich Olivenhaine angelegt, oder zockt hier die Mafia EU-Gelder ab? Interessant, dass gerade hier der Staat eine Vorreiterrolle spielt. Auf der anderen Seite ist es umwerfend, wie viel Wissen heute im Internet frei verfügbar ist. Ich erinnere mich an einen Besuch vor zwanzig Jahren bei einem thailändischen Kleinbauern, der mit seiner Frau zusammen einen halben Hektar Land bewirtschaftete und dabei siebzig verschiedene Kulturen anbaute. Als ich ihn fragte, woher er all das Wissen darüber hat, antwortete er schon damals, er habe einen Freund in Chiang Mai an der Universität, mit dem er ins Internet gehe, um zu schauen, wie das funktioniere. Er war vielleicht noch ein Pionier, heute ist das Millionen von Kleinbäuerinnen und -bauern möglich.

Ein biodynamischer Bauer meinte zu mir, er würde jätende Roboter begrüssen. Dann müsste er seine Leute nicht drei Wochen auf den Knien herumrutschen lassen, um die Rüeblifelder zu jäten.

Ich glaube, dass es viele Bereiche gibt, in denen Computer tatsächlich dem Menschen überlegen sind. Ihre Wahrnehmungsfähigkeit kann mit Sensoren für Feuchtigkeit, für Gerüche, Geräusche, Schwingungen unserer menschlichen Sensorik überlegen sein. Auf jeden Fall haben sie mehr Geduld und lassen sich nicht ablenken. Das könnte heissen, dass Computer die Pflanzen besser beobachten, exakter auseinanderhalten, genauer verstehen können bis hin zum perfekten Zeitpunkt der Ernte. Das könnte auch die Grundlage einer direkten Kommunikation zwischen Pflanze und der künstlichen Intelligenz einer Maschine sein, der wir nur noch teilweise folgen können.

Doch wo ist die Grenze? Wo wird die Souveränität von Bauern und Bäuerinnen dank Digitalisierung unterstützt, und wo liefern wir uns Big Data aus? Das macht mich ziemlich ratlos.

Zunächst einmal ist das natürlich eine betriebswirtschaftliche Frage. Wenn der Computer die Kuh besser melken kann als der Mensch, wenn er genauer mitbekommt, wie es der Kuh heute geht, als der Mensch, dann ist das profitabler. Doch wollen wir unsere körperliche Auseinandersetzung mit der Natur tatsächlich durch Computer ersetzen? Das ist für mich die eigentliche Frage dahinter. Ich kann den Austausch mit der Natur, wie Marx die Arbeit ja einmal definiert hat, heute weitestgehend ohne Einsatz des menschlichen Körpers und auch des menschlichen Geistes und menschlicher Gefühle organisieren. Aber ist das gut für den menschlichen Körper und Geist? Ist es eine höhere Stufe der Kultur und Zivilisation, wenn stattdessen in irgendeiner digitalisierten Muckibude die körperliche Auseinandersetzung der Menschen mit der Natur ersetzt und simuliert wird? Ist das gut für unsere Gefühlswelt, unsere Erlebniswelt? Ich halte es für denkbar, dass wir zu dem Schluss kommen: Den ganzen Produktions- und Steuerungsprozess Computern, Robotern und sonstigen Hilfsmitteln zu überlassen wäre zwar tatsächlich effektiver. Aber wir wollen das trotzdem nicht, weil wir so nicht leben wollen und weil dies letztlich nicht umfassend effektiv in Bezug auf das menschliche Glück und die natürliche Vielfalt ist, sondern nur in Bezug auf einzelne Aspekte wirtschaftlicher Rationalität.

Doch muss unser Verhältnis zur Natur an die Produktion von Lebensmitteln gekoppelt sein? Das bezweifle ich. Ich denke da zum Beispiel an japanische Teezeremonien, also zutiefst metaphysische und religiöse Erfahrungen, die eine grosse Naturverbundenheit zum Ausdruck bringen, ohne dass es dabei um die Herstellung von Lebensmitteln geht. Oder auch: Für mich sind die einsamen, wilden Berge jenseits von Zivilisation und Kulturlandschaft das Schönste, was es gibt. Das sind meine Seelenlandschaften, da bin ich glücklich. Ich bin mir zudem überhaupt nicht sicher, ob eine solch enge Naturverbundenheit für alle Menschen wichtig sein muss. Du warst ja früher, als ich dich kennenlernte, auch ein Stadtmensch, glücklich in Berlin und ohne grossen Bezug zur Natur.

Es geht um mehr als mein persönliches Glück. Natürlich haben wir auch heute schon eine hochdifferenzierte Arbeitsteilung, und seit Jahrtausenden erlaubt diese Arbeitsteilung einem wachsenden Teil der Bevölkerung, sich nicht mehr selbst um den Anbau von Lebensmitteln zu kümmern. Aber ob dies eine menschliche Arbeit im körperlichen Austausch mit der Natur ist oder die Leistung von Rechnern und Robotern gewissermassen in den Bereich der Technosphäre verschwindet, ist für mich trotzdem ein gewaltiger Unterschied. Wenn dieser elementare Austausch mit der Natur nicht mehr von Menschen gemacht werden kann, dann haben wir einen wichtigen Bezug verloren, denke ich.

Für mich steht die Souveränität im Zentrum. Was bedeutet es, wenn der Bauer nicht mehr weiss, nicht mehr spürt, wie es seiner Kuh geht, weil er diese Kompetenz an den Computer abgegeben hat? Dass er also seiner eigenen Intuition, seinem eigenen Wissen nicht mehr vertrauen kann, weil der Computer das besser weiss? Sein Wissen geht verloren. Das macht ihn komplett abhängig vom Computer. Er kann zwar seine Kuh immer noch streicheln, aber es bedeutet nichts mehr, seine Beziehung zu ihr ist nicht mehr relevant. Die Frage ist also: Wie kann ein Bauer, eine Bäuerin – oder jede und jeder von uns – selbstbestimmt leben, ohne Big Data ausgeliefert zu sein? Das ist es, was mich umtreibt. Dass grosse Techgiganten unsere Lebensmittel herstellen, vermarkten und kontrollieren. Oder wie du vorher erwähnt hast: Agrarökologie muss vor allem auch ein soziales und kulturelles Projekt sein, nie nur ein technisches.

Eine Folge der zunehmenden Technisierung ist auch, dass immer weniger Menschen in der Landwirtschaft arbeiten. Die Landwirtschaft wird entmenschlicht. Nach dem letzten Weltkrieg hat ein Bauer etwa zehn Menschen ernährt, heute kommen 150 Menschen auf einen Landwirt. Der produziert also erheblich mehr pro Arbeitskraft, und sein Arbeitsplatz gehört deshalb mittlerweile zu den kapitalintensivsten unserer Industriegesellschaft. Das liegt in Deutschland um eine halbe Million Euro im Schnitt. Darin steckt die klassische kapitalistische Wachstumsfrage, mit der wir in Europa in den letzten siebzig Jahren immer gleich umgegangen sind. Wir haben menschliche Arbeitskraft wegrationalisiert, mit Hilfe von Technik und billiger Energie. Energie war und ist viel billiger als menschliche Arbeitskraft. Das hat sich auf dem Markt durchgesetzt.

Und da soll nochmals ein riesiger Automatisierungsschub in der Landwirtschaft stattfinden.

Bisher musste wenigstens noch ein Landwirt auf der Maschine sitzen und sie steuern und so an einem Tag vielleicht fünfundzwanzig Hektar bewirtschaften. Vor der Mechanisierung war es ein Viertelhektar Land, den man an einem Tag bewirtschaften konnte. Jetzt können programmierte Maschinen noch einmal ein Vielfaches bearbeiten. Und ein Computer kann problemlos nicht nur einen, sondern Hunderte Traktoren an ganz verschiedenen Orten steuern. Am besten klappt das bisher auf Riesenfeldern und nicht in der kleinbäuerlichen Landwirtschaft, mit ihrer grossen Vielfalt an Früchten und Gemüsen auf kleiner Fläche. Doch theoretisch ist es denkbar, auch Computer und Roboter zu entwickeln, die auf kleinstem Raum unterschiedliche Pflanzen unterschiedlich behandeln. Das gibt es bereits, es rechnet sich bisher nur noch nicht.

Glaubst du wirklich, dass das alles machbar wäre? Dass die digitale Revolution in der Landwirtschaft vor der Tür steht und wir uns einfach überlegen müssen, ob wir das wollen oder nicht? Da bin ich skeptisch. Wir gehen immer davon aus, dass es schnelle und technische Lösungen für alles gibt. Ein gutes Beispiel ist die Agrogentechnik, die ja immer mit grossen Heilsversprechen aufgekreuzt ist – und auch heute sollen die neuen Gentech-Methoden wieder alles lösen. Die Resultate sind mehr als dürftig (s. Kapitel XI).

Verglichen mit der Komplexität der Zellregulierung und ihres Zusammenspiels in Organismen, an der die Gentechniker bisher scheitern, sind es vergleichsweise einfache Abläufe, Maschinen zum Jäten und Ernten zu steuern. Da traue ich den Computern doch einiges zu, einschliesslich allerlei überraschender Fehler und Kuriositäten natürlich.

In Bezug auf Jätroboter oder Überwachungsdrohnen gebe ich dir natürlich recht. Doch die Steuerung und Kontrolle der globa-

len Landwirtschaft? Diese schier unendliche Komplexität mit ihren unterschiedlichsten Landwirtschafts- und Ökosystemen zu kontrollieren und zu steuern – das halte ich für unrealistisch. Zumal Ökosysteme von Grund auf unberechenbar sind.

Ich bin mir nicht sicher, ob die Komplexität auch in Zukunft das Mass der Unberechenbarkeit sein wird. Die Frage ist vielleicht eher, ob die Steuerung und Kontrolle der globalen Landwirtschaft, unserer menschlichen Ernährungssysteme und erst recht der Ökosysteme dieser Welt denn überhaupt ein erstrebenswertes Ziel ist. Da schwingt ja deutlich der Anspruch mit, diese Systeme nach anderen Regeln funktionieren zu lassen, als sie es bisher von selbst tun.

In Indien hat mir Eindruck gemacht, wie selbstbewusst die Bäuerinnen und Bauern auftraten, die von chemischer auf Natürliche Landwirtschaft umgestellt hatten (s. Kapitel XII). Und, ja: die vielen glücklichen Gesichter. Es hat mich umgehauen. Sie arbeiten sehr viel, mehr als vorher, lernen viel neu, arbeiten zusammen, die Gemeinschaft ist wichtig. Ich glaube, das könnten sich auch andere von Andhra Pradesh abgucken, wobei die Bedingungen natürlich ganz anders sind.

Das Selbstbewusstsein, das uns dort entgegengeschlagen ist, hat ja auch viel damit zu tun, dass die Bauernfamilien aus feudalen Abhängigkeiten und Strukturen herauskamen, dass Frauen stolz waren, ihr eigenes Geld zu verdienen und anerkannt zu werden, und vor allem dass sie aus der absoluten Armut herauskamen. Das ist bei uns in Europa anders.

Einverstanden. Doch auch bei uns gibt es immer mehr ermutigende Ansätze. Die Solidarische Landwirtschaft boomt. Ich gehe jeden Dienstag meinen Bio-Gemüsekorb holen – es ist ein Pakt zwischen dem Bauernbetrieb und mir. Er erhält eine Abnahmegarantie, ich jede Woche frisches Biogemüse. Und wir waren ja vor drei Jahren zusammen in Südkorea, um Hansalim zu besuchen, die weltweit grösste Solidarische Landwirtschaft. Über 500 000 Familien kooperieren eng mit einigen Tausend Bauernbetrieben.[191] *Da spielt die Digitalisierung auch eine Rolle, aber ganz zentral ist die Gemeinschaft, der Pakt zwischen Land und Stadt. Und mir scheint, es wird heute auch bei uns enorm viel experimentiert, um die Wertschöpfung wieder auf den Hof zu bringen oder um regionale Kooperationen zu initiieren.*

Ja, da herrscht derzeit eine regelrechte Aufbruchsstimmung bei den verschiedenen Formen von Solidarischer Landwirtschaft. Aber es gibt auch im herkömmlichen Einzelhandel viele interessante Ansätze. Einer, der mich besonders beeindruckt, ist die Initiative »VonHier«, die die mittelständische Supermarktkette Feneberg zusammen mit 600 bäuerlichen Familien und vierzig Verarbeitungsbetrieben im Allgäu jetzt schon seit zwanzig Jahren verfolgt. Alle Produkte stammen aus dem Umkreis von hundert Kilometern rund um Kempten und sind natürlich bio. Dafür werden von den Kundinnen und Kunden faire Preise bezahlt, und die werden von Feneberg den Herstellern garantiert. Dabei wurde das Netz der Verarbeitung und Veredelung und der Kooperation unter den Höfen und den Herstellern vor Ort immer enger und feiner. Miteinander zu reden und auch zu feiern bringt die Menschen zusammen und auf die besten Ideen. Das Angebot ist so von der Grasmilch über die regionalen Fleischrassen bis zum Ziegencamembert und fünfzehn verschiedenen Biersorten immer vielfältiger und raffinierter geworden, eine Symphonie der Nischen! Das funktioniert, weil sich die Beteiligten kennen- und schätzen gelernt haben und weil da alle dazugehören wollen. Das ist also ein Teil des Produktes. In unserem Buch über die Transformation der Ernährungssysteme[192] verweisen wir auf Tausende derartige Beispiele für ganz unterschiedliche lokale und agrarökologische Umwälzungen, die sich gerade überall auf der Welt abspielen. Es bewegt sich viel, trotz allem!

XV. DER SPATZ UND WIR

Gespräch mit dem Basler Ornithologen Markus Ritter

Von der Weltbühne zurück in den heimischen Garten, wo sich Spatzen gerade um Körner balgen und laut tschilpend herumhüpfen.

Spatzen, sagt der Basler Ornithologe Markus Ritter, begleiten die Menschen seit 10 000 Jahren, also seit die Menschheit sesshaft wurde und anfing, Getreide anzubauen. Die Hauskonstruktionen boten Nistplätze für die Vögel. Das war der Beginn eines engen und treuen Zusammenlebens von Spatzen und Menschen, das sich ständig weiterentwickelt und verändert hat. Die Sperlinge, wie Spatzen auch genannt werden, folgten den Menschen von den Feldern in die Städte. Auch heute kann man Verhaltensänderungen beobachten. Spatzen sind von Natur aus scheu und ängstlich, bei geringstem Verdacht spratzen sie gleich davon – wir alle kennen das. »Doch ich erinnere mich«, erzählt Markus Ritter, »in Amsterdam, vor vielleicht vierzig Jahren, da sah ich zum ersten Mal Spatzen auf einem Kaffeetisch, wie sie vor unseren Augen Brosamen wegschnappten. Diese Luftnummern kann man heute häufiger beobachten.«

Wir sitzen auf der kleinen Parterreterrasse eines alten Mehrfamilienhauses in Basel, mit Aussicht auf ein mit Körnern gefülltes Vogelhäuschen in einem prächtig verwilderten Garten. Elisabeth Ritter, Markus' Mutter, füt-

Markus Ritter und seine Mutter Elisabeth

tert hier jeden Morgen ihre grosse Spatzengruppe, um sie dann beim Kaffee zu beobachten. Die zierliche und liebenswürdige alte Dame wohnt im Parterre, Markus Ritter und sein Mann Yohanes im ersten Stock. Die Spatzen versammeln sich schon in einem grossen Goldregenbaum und veranstalten ein Riesenkonzert.

»Der Gesang ist ja beim Sperling nicht schön, aber ich finde ihn sehr attraktiv, weil er so stümperhaft daherkommt«, sagt Markus Ritter. »Mit einem unglaublichen Engagement wird da gesungen, die Spatzen plustern sich auf und sind ganz dick, und dann tschip-tschip-tschip-tschap, tschip-tschip-tschip-tschap … so geht das ewig weiter. Es tönt so gestossen. Es ist einfach hochamüsant, den Gesangsäusserungen der Sperlinge genau zuzuhören.« Wir lauschen. »Spatzen singen sich gemeinsam in bestimmte Stimmungen hinein. Das ist eine Art Kommunikation, man markiert das Da-Sein, das Mit-Sein mit den anderen, die versetzen sich dann auch in diese Stimmung, und unweigerlich beginnen alle mit dem Singen. Sie singen sich gemeinsam in Brutstimmung, sie singen sich in Essstimmung, sie koordinieren durch Gesang ihr Gruppenleben.«

Das treue Verhältnis zwischen Mensch und Spatz sei auch schon grossen Belastungen ausgesetzt gewesen, fährt Markus Ritter fort. Bereits im Jahr 1744 setzte Friedrich der Grosse, König in Preussen, ein Kopfgeld auf Spatzen aus, um seine herrschaftlichen Felder vor ihnen zu schützen. Doch das wurde bald wieder abgeschafft; die Dezimierung der Spatzen bewirkte eine starke Ausbreitung von Insekten. Eine andere Vernichtungsaktion gegen Spatzen geschah in China, als Mao Zedong sie zu Volksfeinden erklärte und während der Kulturrevolution zwei Milliarden Sperlinge töten liess. Doch auch da zeigten sich bald Nebenwirkungen; »Unkrautsamen« wurden nicht mehr abgeweidet, andere »Schädlinge« nahmen überhand. Es mussten Vögel aus der Sowjetunion importiert werden.

Manchmal, sagt Markus Ritter, während uns seine Mutter Kaffee einschenkt, machten sich Vogelexperten auch Sorgen um die Spatzen, zum Beispiel als vor gut hundert Jahren Automobile in den Städten eingeführt wurden. Bis dahin waren Pferde als Zugtiere allgegenwärtig gewesen – und Spatzen lieben Pferdeäpfel, weil sie viele unverdaute Körner enthalten. Man befürchtete, dass der Wegfall dieser Nahrungsquelle zu einem Zusammenbrechen der Spatzenpopulationen führe. Doch nichts dergleichen geschah. Die Spatzen änderten in Kürze ihr Verhalten und ihren Menüplan. »Die Sperlinge sind enorm anpassungsfähig, sie bevorzugen zwar Samen, fressen aber alles – sie sind flexible Omnivoren«, sagt Markus Ritter. Der Spatz liebe auch Brot, wie der Mensch. »Er hat eben alle Stufen der Getreidekultur mitgemacht.«

Ein erster mutiger Spatz fliegt zum Futterhaus, kurz darauf folgt eine ganze Schar. Plötzlich spratzen alle aufgeregt laut tschilpend weg, in den Goldregenbaum. Um kurz darauf wieder zu erscheinen. Sie umflattern das Vogelhaus, verschwinden wieder. Es lässt sich dabei gut beobachten: Die Männchen sind deutlich kontrastreicher, mit schwarzer Kehle und Brustlatz. Der Rücken ist braun mit schwarzen Längsstreifen. Die Weibchen sind unscheinbarer als die Männchen und matter braun, aber sehr fein gezeichnet.

Spatzen leben in Aktionsgruppen, in lockeren Gruppen wie in einer WG, und nicht in Revieren. Das, meint Ritter, widerspreche einem weitverbreiteten Bild, das wir in der Schule gelernt haben: Die Singvögel teilen sich in Reviere auf, die sie verteidigen. Der Spatz tut das nicht. Er lebt das ganze Jahr über in seiner WG. Diese ist im Frühling kleiner, dann kommen die Jungvögel dazu, ziehen irgendwann aus und bilden neue Gruppen.

Doch darf man Vögel überhaupt im Sommer füttern? Diese Frage sei im Fluss, sagt der Vogelexperte. Früher hiess es, man dürfe nur im Winter füttern. Doch heute propagieren viele Ornithologen die Ganzjahresfütterung. Spatzen sind Opportunisten. Sie suchen einfach in ihrem Lebensraum, wo es gerade Nahrungsquellen gibt. Das wechselt immer, manchmal verschmähen sie auch tagelang das Futter im Vogelhaus seiner Mutter.

Jetzt sind viele Spatzen am Vogelhaus. Von unserem Logenplatz aus können wir beobachten, wie ein Männchen aggressiv ein anderes vertreibt: Den Kopf vorn nie-

Die Spatzenshow

dergebeugt, den Schwanz gefächert und angehoben, die Flügel abgewinkelt, hackt es auf seinen Konkurrenten ein und vertreibt ihn. Ein Riesengezeter ringsum, aufgeregtes Körnerpicken. »Sie fressen hastig, ja energisch, nicht geniesserisch«, meint Markus Ritter. Mit heftigen Schnabelhieben suchen sie ihr Futter aus, werfen es zum Teil heraus. Einige packen ein grösseres Korn, fliegen davon und fressen es an einem sicheren Ort. Andere Sperlinge hüpfen unter dem Vogelhaus auf dem Boden herum und picken dort Samen. Da wachsen auch bereits ein paar Weizen- und Rapspflanzen sowie Neapolitanischer Lauch. Sie stammen aus heruntergefallenen Vogelfuttersamen. Und Markus Ritter ergänzt, dass ein Spatz etwa sechs bis zehn Gramm Getreidesamen pro Tag fresse. Er lebe rund drei Jahre, zehn Jahre sei die Obergrenze. Und er sei ein Langschläfer. Im Sommer schlafe er oft schon anderthalb Stunden vor Sonnenuntergang und wache erst etwa zehn Minuten vor dem Sonnenaufgang wieder auf.

»Eine Spatzen-WG kennt keine Hierarchien«, sagt der Biologe, »wohl aber eine Rollenaufteilung.« Manchmal kann man einen einsamen Spatzen erhöht auf einem Posten sitzend beobachten. Er hält Wache, während seine WG gerade frisst. Die Brutaufzucht wiederum teilen sich beide Eltern. Sie bauen zusammen ein üppiges Nest, mit Kräutern, Blättern, Zweigen und Gras, unter einem Dach, hinter einem Fensterladen oder auch im Freien. Im Zoologischen Garten Basel gab es früher ein Geiergehege mit üppig wachsenden Kletterpflanzen. Darin hauste immer eine Spatzenkolonie.

Spatzen brüten in lockeren Kolonien. »In meinem Strassenzug zum Beispiel, ungefähr hundert Meter lang, sind die Nester schön verteilt, immer nur eins oder zwei an einem Haus. Wenn man durch die Strasse läuft, sieht und hört man die Männchen auf Dachkänneln singen, hier einer und dort der Nächste. Wenn man also aufmerksam ist, kann man das gesellige Leben und die Spatzenversammlungsorte im Quartier immer wieder wahrnehmen – vor allem hören«, sagt Markus Ritter und lacht.

Das Weibchen legt meist fünf Eier und bebrütet diese überwiegend ohne das Männchen. Nachher füttern beide Eltern die Jungen. »Es ist aber kein enges Paarverhalten. Manchmal singt ein Spatz auf einem Dach in der Nähe seines Weibchens. Das weiss dann, er ist da, es gibt ihn noch. Dieser Gesang gilt schon für eine einzelne Liebschaft. Aber in der Gruppe ist das Paarverhalten aufgelöst. Da kommt es regelmässig zu fast vergewaltigungsartigen Momenten, wo ein Weibchen von mehreren Männchen begattet wird. Wahrscheinlich ist das für den Genfluss innerhalb der Population wichtig«, meint der Ornithologe.

Das sei ein uraltes lustiges Thema. »In der Renaissance und im Hochmittelalter hatte man keine Mühe mit den ständig kopulierenden Spatzen«, sagt Markus Ritter. Conrad Gessner, ein Naturforscher im 16. Jahrhundert und genauer Beobachter von Spatzenpopulationen, zählte die Kopulationen und folgerte, dass der Spatz über die Massen »unkeusch« sei. Er übermittelte auch das damals geläufige Sprichwort »Du bist geiler denn ein Spatz«. Das änderte sich im bürgerlichen Zeitalter. Die Gesellschaft wurde prüder. Die Moralvorstellungen des »ehelichen Zusammenlebens« unter den Vögeln wurden durch den Spatzen erschüttert.

Ein lautes Zetern – drdrdrdrdrdr – tönt aus dem Goldregenbaum. Ein Warnruf, meint mein Gastgeber. Kein Vogel nähert sich der Fressstelle. Etwas später erscheint der Grund der Aufregung: eine Katze. Wir vertreiben sie.

Beim Sperling gebe es wie bei anderen Singvögeln neben dem Gesang ein Repertoire von acht bis zwölf verschiedenen Ruftypen, die man nach Funktion und Intensität unterscheiden könne. Es gibt Warnrufe für Gefahren am Boden, andere für Gefahren in der Luft. Dann gibt es solche für Aggressionen – die Spatzen sind manchmal sehr streitlustig – und auch Rufe, die die Intensität der Aggression zum Ausdruck bringen. Mit Lockrufen wiederum teilt ein Spatz den anderen mit, dass hier etwas ist, das sie wissen müssen. »Kannst du die Ruftypen unterscheiden?«, will ich von Markus Ritter wissen. »Das kann man lernen, wenn man sie beobachtet. Dieser Tschip-tschip-Ruf, wenn sie wegspratzen, den du gerade hörst, das ist ein Ruf, der Gefahr bedeutet. Aber der Gesang ist individuell, jeder Spatz hat seine Vorlieben. Er hat seine Lieblingsstrophen, seine individuellen Gesangskombinationen. Da kann ich die näheren Funktionen nicht erkennen.«

Klar, es gibt Vögel, die schöner und differenzierter singen als der Spatz, eine Nachtigall zum Beispiel. In der Nähe von Basel lebt in einem Naturschutzgebiet während des Frühlings und Sommers eine grosse Nachtigallenpopulation, die ein Team um Valentin Amrhein, Forscher an der Universität Basel, untersucht. Sie konnten nachweisen, dass ein Nachtigallenmännchen um die zweihundert verschiedene Lieder singen kann. Erstaunlich: Das junge Männchen kann nicht singen. Es lernt dies von der älteren Generation. Erst singt es ganz unmelodisch, übt und übt, bis es dann im Frühling des nächsten Jahres seinen Gesang vervollkommnet. Zur Paarungszeit fliegen die Männchen nachts um die Weibchen in ihren Nestern und singen ihre schönsten Melodien. Ein Weibchen sucht sich den besten Gesangsvirtuosen aus und lädt ihn in ihr Nest ein. Dann hört das Männchen auf, nachtsüber zu singen, und kümmert sich um das Brutgeschäft.

»Singen ist nicht die Begabung der Spatzen«, sagt Markus Ritter. »Dafür ist die Art und Weise, wie die Spatzen fressen, wahnsinnig spannend und hochentwickelt. Vögel haben ja keine Hände, ihre Hände sind die Flügel. Die Meise beispielsweise nimmt ein Korn, legt es auf einen Ast, hält es links und rechts fest und pickt es mit dem Schnabel auf. Anders der Spatz: Der hat einen Schnabelbau, der es ihm erlaubt, mit Hilfe der Zunge die Samenhülle, die er nicht fressen will, einfach gegen einen Wulst am Schnabelrand zu pressen und die Hüllen wegzuspicken. Das geht ganz schnell.«

Markus Ritter zu beschreiben fällt nicht leicht, wir kennen uns seit vielen Jahren. Er ist profunder Vogelkenner,[193] Botaniker, gelernter Agrobiologe, hat drei Jahre an der Schweizerischen Vogelwarte Sempach gearbeitet, war Journalist bei der Zeitschrift von Pro Natura, hat die Grüne Partei in Basel mitbegründet, sass als deren Vertreter lange im Kantonsparlament und war im Jahr 2000 Grossratspräsident, fungierte elf Jahre als rechte Hand des Basler Regierungsrats und Regierungspräsidenten Guy Morin, wurde 2019 pensioniert – und hat endlich wieder Zeit für seine geliebten Vögel. Seine Mutter ergänzt, schon als kleiner Knopf habe ihn die Natur angezogen, er habe leidenschaftlich Schnecken gesammelt, dann Schmetterlinge, und mit dreizehn waren es die Vögel, die ihn in den Bann zogen. Er trat der Ornithologischen Gesellschaft Basel bei, musste aber erst tüchtig lateinische Namen büffeln, bis er verstand, über welche Vögel sie redeten. Mit achtzehn wurde er in den Vorstand gewählt.

»Können Spatzen lernen?«, will ich noch von Markus Ritter wissen.[194] »Ja, die Kleinen sind ja so anhänglich und nehmen bald auch Anteil am Fressen, sie picken die gleichen Samen vom Boden auf wie ihre Eltern, sie lernen von den Eltern, wie sie Insekten von den Ästen oder vom Boden picken können. Sie lernen, was gut und bekömmlich ist. Nach durchschnittlich dreizehn Tagen werden sie flügge und selbständig.« Er unterbricht und zeigt auf einen jungen Spatzen am Boden. »Schau dir den an.« Der Jungvogel zittert mit den Flügeln, plustert sich auf, reckt den Kopf hilfesuchend und unterwürfig einem Erwachsenen zu. Doch dieser beachtet ihn nicht. »Junge Spatzen fallen plötzlich wieder in den Modus des Bettelns. Manchmal erbarmt sich einer und gibt noch mal Futter. Die Jungvögel schwappen etwa zehn Tage hin und her, zwischen selbständigem Fressen und Bettelmodus. Das ist die Periode, in der sie verletzlich sind, weil sie im Bettelmodus in einem starren Modus fixiert und unaufmerksam sind – für Katzen sind sie dann ein gefundenes Fressen.«

Das Schöne sei, betonen Mutter und Sohn, während das morgendliche Licht der Sonne auf die Terrasse zu scheinen beginnt, dass man das Verhalten der Spatzen selber so gut beobachten und erforschen könne. In der Stadt, beim Spazieren, im eigenen Garten, wenn da bloss ein paar immergrüne Büsche wachsen und man die Spatzen mit Futter anlocke. »Eine Spatzengruppe ist auch darum so sensationell zu beobachten, weil wir dabei einen Blick in die Anfänge unserer Sesshaftigkeit werfen können«, sagt Markus Ritter. »Spatzen bringen die Ursprungszeit der menschlichen Zivilisation in die Gegenwart. Nicht abstrakt, sondern als konkreten Zeitstrom in den Alltag von uns allen. Die enge Beziehung zwischen den beiden so unterschiedlichen Partnern funktioniert bis heute – ist aber, wie jedes Zusammenleben, stets bedingt und zerbrechlich.«

San Francisco: »Amerikanische Spatzen« tschilpen nach dem Corona-Lockdown schöner und sexyer

Während der ersten Welle der Coronapandemie im Frühjahr 2020 wurde es still in San Francisco: Der Stadtlärm nahm um rund 50 Prozent ab und erreichte das Niveau von 1954. Da begannen die männlichen Dachsammern (*Zonotrichia leucophrys*, auch amerikanische Spatzen genannt) alsbald sanfter und schöner zu singen, und sie trafen tiefere Töne. Für die Weibchen klangen sie nach besseren Partnern. »Je grösser die Bandbreite der Töne, desto sexyer und konkurrenzfähiger ist das Männchen«, schreibt die Forscherin Elizabeth Derryberry von der Universität von Tennessee in Knoxville, die diese Studie leitete.[195] Es sei wie bei einer Cocktailparty. Während man zu Beginn noch normal reden könne, müsse man immer lauter sprechen, je mehr Gäste kommen. »Wenn man bei einem Cocktailempfang brüllt, ist die Stimme nicht gerade die beste«, meint die Forscherin. Genauso sei es, wenn die Vögel gegen den Stadtlärm anschreien müssten. Und obwohl die Vögel leiser und sanfter sangen, waren sie in der ruhigen Stadt in einem Umkreis zu hören, der doppelt so gross war wie vorher.

Die Erkenntnisse der Studie zeigen, wie schnell sich *Zonotrichia leucophrys*, ein in diesen Gegenden sehr häufiger Singvogel, an menschengemachte Veränderungen der Umwelt anpassen kann.

*

Münchenstein, Oktober 2020

Ich sitze in meiner Küche mit einem Kaffee und schaue aus dem Fenster den Spatzen zu. Das Buch ist fast fertig, meine Gedanken schweifen umher. Ich erinnere mich, dass auch diese meine Spatzen, die da so unbekümmert um Körner streiten, mit dem Nervengift und Pestizid Neonicotinoid[196] kontaminiert sein könnten. In einer Studie[197] wurden 617 Spatzenfedern in verschiedenen Landwirtschaftsregionen der Schweiz untersucht. Es fanden sich in allen – wirklich in allen – Spuren des Nervengiftes in den Federn, manchmal in bedrohlichen Konzentrationen. Bei Biobetrieben weniger als bei konventionellen.

Das hat mich empört. Diese übermächtige Allgegenwart chemischer Pestizide und anderer Auswüchse der industriellen Landwirtschaft ist schlicht unerträglich.[198] Ob Spatz, Biene, Regenwurm, Mais oder Mensch – alle sind kontaminiert, ebenso der Boden, die Luft und das Wasser, die Folgen meist unabsehbar.[199]

Eine Transformation ist dringend, dringender denn je. Und machbar; alle Daten zeigen, dass man mit agrarökologischen Methoden genug produzieren könnte. »Und zwar nicht nur genug, sondern auch gute Qualität. Es geht ja um Ernährung, nicht nur um Füttern«, sagt Hans Herren. Es sei immer das Gleiche: Um die Probleme der weltweiten Ernährung anzugehen, müsste der ganze Kreislauf, das gesamte System berücksichtigt werden. Es brauche fruchtbaren Boden, eine grosse Vielfalt, Mischkulturen, geeignetes Saatgut – und eine funktionierende Gemeinschaft mit funktionierendem Markt.

Das sagt nicht nur Hans Herren, sondern eine wachsende Anzahl von Forscherinnen und Experten. Und das konnte auch ich bei meinen Recherchen immer wieder beobachten. Nicht nur in Andhra Pradesh, wo ein grosser Bundesstaat ganz auf Pestizide zu verzichten lernt. Weltweit gibt es unzählige Beispiele grösserer und kleinerer agrarökologischer Umwälzungen – und ihre Anzahl wächst.

Meine Besuche bei Forscherinnen und Forschern zeigten aber auch, wie bestürzend wenig wir über Lebewesen und deren Beziehungsgeflechte wissen. Das ist auch eine Chance; in zehn Jahren werden uns Pflanzen, Mikroben und Tiere neue Möglichkeiten einer agrarökologischen Zukunft aufzeigen, die wir uns heute kaum erträumen können.

Das heisst auch: Wir müssen lernen, bei Pflanzen auf das Dazwischen zu achten und die Stille der Sprache zu hören, wie es der Philosoph Michael Marder ausführte. Denn: »Die Welt der Pflanzen ist uns nicht transparent. Wir können uns nicht vorstellen, wie es ist, eine Pflanze zu sein.«

A rose is a rose is a rose.
Just this.

is a
rose
is a rose

ANMERKUNGEN, WEITERE BEISPIELE, ERGÄNZUNGEN

1 Bienen sammeln auch Pollen für die Ernährung der Brut. Der Pollen in den gelben »Höschen« an den Hinterbeinen ist für die Bestäubung von Blüten nicht mehr verfügbar.

2 In Europa sind knapp 80 Prozent der Blütenpflanzen auf eine Bestäubung mit Insekten angewiesen. Bienen spielen dabei eine herausragende Rolle. Erst seit kurzem ist bekannt, dass Wildbienen mindestens so wichtig sind wie Honigbienen. Viele Wildbienen fliegen auch bei kühlen Temperaturen und bei Regen. Das mögen Honigbienen nicht. Neben Bienen bestäuben auch diverse Käfer, Ameisen, Fliegen und viele weitere Insekten Pflanzen. Bude S. 2019.

3 Auch Wärme oder elektrische Felder können den Bestäubern Hinweise geben.

4 Terry I. et al. 2007.

5 Die Salweide *(Salix caprea)* hat zwei Bestäuber: tagsüber Bienen und nachts Motten. Sie lockt tagsüber mit einem speziellen Duft Bienen an. Nachts variiert sie ihr Parfum, um Nachtfalter anzuziehen. Sie ändert also die Zusammensetzung ihres Duftbouquets im 24-Stunden-Rhythmus, je nach Präferenz ihrer unterschiedlichen Bestäuber. Jürgens A. et al. 2014.

6 Meiners T. 2016, S. 142.

7 Ebd., S. 147f.

8 Pareja M. und Pinto-Zevallos D. M. 2016.

9 Junker R. R. et al. 2011.

10 Mittlerweile sind an die 2000 Duftstoffvarianten bekannt, mit deren Hilfe Pflanzen mit ihresgleichen und mit anderen Lebewesen Informationen austauschen. Sie locken Bestäuber und Nützlinge an, warnen sich mit Duftstoffen gegenseitig vor Dürre oder Fressfeinden, vertreiben Schädlinge, senden SOS-Signale aus oder koordinieren ihr Verhalten.

Weitere Beispiele:

- Wird eine Fjellbirke von Sägewespenlarven *(Arge fuscinervis)* angegriffen, lockt sie mit einem speziellen Duftstoffgemisch Fitisse *(Phylloscopus trochilus)* an. Diese riechen das SOS-Signal der Fjellbirke und finden so gezielt zu einer reichhaltigen Beute. Mäntylä E. et al. 2004.

- Eine Goldrute *(Solidago altissima)* riecht einen Duftstoff vom Goldruten-Gallwespenmännchen *(Eurosta solidaginis),* wahrscheinlich einen Sexualduftstoff für Gallwespenweibchen. Die Pflanze beginnt sich daraufhin zu wehren und wird für die Gallwespenweibchen unattraktiv. Diese vermeiden Goldruten, die vorher den männlichen Sexualduftstoffen ausgesetzt waren. Goldruten warnen sich auch gegenseitig mit Duftstoffen, wenn sie angegriffen werden. Helms A. M. et al. 2017.
- Ameisenbäume *(Cecropia),* die experimentell verletzt werden, produzieren in kurzer Zeit einen Duftstoff, der *Azteca*-Ameisen anzieht. Diese verteidigen die Blätter der Bäume. Blätter, die schon einmal geschädigt wurden, ziehen mit ihrem Duft mehr Ameisen an als solche, die noch nie beschädigt waren. Sie haben gelernt, sich schneller zu wehren. Verletzte Blätter warnen zudem ihre Nachbarn vor der Gefahr. Agrawal A. A. 1998.
- Schwarzer Senf *(Brassica nigra)* schmeckt oder riecht es, wenn Weinbergschnecken *(Helix aspersa)* an ihm vorbeikriechen. Er kann offenbar Botenstoffe aus den Schleimspuren oder aus dem Kot von Schnecken identifizieren und sich auf einen Schneckenangriff vorbereiten. Er wird dann für die Schnecken weniger schmackhaft und von ihnen deutlich weniger oft angegriffen. Orrock J. L. 2013.
- Der Teufelszwirn *(Cuscuta pentagona)* ist ein Schmarotzer; er bezieht seine Nährstoffe von vielen verschiedenen Wirtspflanzen. Er riecht, wo die besten Wirtspflanzen stehen, und wächst gezielt darauf hin. Zum Beispiel bevorzugt er eine Tomatenpflanze vor einer Weizenpflanze. Er riecht auch, ob die Tomatenpflanze stark und gesund oder verletzt ist, und wählt nur die gesunden Pflanzen aus. Runyon J. B. et al. 2006.
- Und ein erstaunliches Kommunikationskunststück: Der Teufelszwirn »belauscht« den Zeitpunkt, wann er blühen soll. Seine verschiedenen Wirtspflanzen blühen zu sehr unterschiedlichen Zeiten. Daran passt sich der Teufelszwirn an, denn dann stehen ihm am meisten Nährstoffe für die Samenbildung zur Verfügung. Dafür nutzt er das interne Kommunikationsnetz seines Wirtes. Bei Pflanzen wird der Blühzeit-

punkt von den Blättern kontrolliert, denn Blätter empfangen die für das Blühen wichtigen Signale aus der Umwelt. Sie produzieren zum richtigen Zeitpunkt ein Blühsignal (das sog. FLOWERING LOCUS T-[FT-]Protein), das dann weitergeleitet wird: Die Wirtspflanze beginnt zu blühen. Der Teufelszwirn zapft diese mobilen Blühsignale von seinem Wirt an. Die Signale informieren den Schmarotzer, dass auch er zu blühen beginnen soll. Das hat ein Team um Jianqiang Wu vom Kunming-Institut für Botanik der Chinesischen Akademie der Wissenschaften nachgewiesen. Sie hängten einen fluoreszierenden Marker an das Blühprotein einer Sojapflanze, die für das Experiment seine Wirtspflanze war – und fanden dieses leuchtende Protein später auch im Teufelszwirn. Shen G. et al. 2020.

– Unter dem Boden findet ebenfalls eine rege Kommunikation statt. Wenn Wurzeln der Gewöhnlichen Thuja *(Thuja occidentalis)* von pflanzenfressenden Insekten angegriffen werden, produzieren sie einen wasserlöslichen Duftstoff, der Nematoden, also kleine Fadenwürmer, anlockt. Diese parasitieren die Pflanzenfresser. Ähnliches hat man bei Maiswurzeln, die vom Maiswurzelbohrer angegriffen werden, oder bei der Gewöhnlichen Seidenpflanze *(Asclepias synaca),* deren Wurzeln von Käfern angefressen werden, beobachtet. Auch sie holen sich Hilfe von Nematoden, die die Schädlinge parasitieren. Karban R. 2015, S. 132f.

– Pflanzen kommunizieren unter dem Boden auch mit Mykorrhizapilzen, Bakterien und anderen Kleinstlebewesen. Ein Beispiel ist die Symbiose zwischen Leguminosenpflanzen und *Rhizobia*-Bakterien: Wenn Stickstoff knapp wird, suchen sich Leguminosenpflanzen (zum Beispiel Bohnen oder Klee) und *Rhizobia*-Bakterien gegenseitig. Dazu ist ein komplexer Dialog mit vielen unterschiedlichen chemischen Signalen nötig: Die Pflanzenwurzeln scheiden die Signalstoffe Flavonoide und Betaine aus, welche freilebende *Rhizobia*-Bakterien in die Wurzelhaare locken. Die *Rhizobia*-Bakterien wiederum produzieren Lipochitin-Oligosaccharid-Signalmoleküle. Das erkennen die Leguminosenpflanzen und reagieren darauf – sie bereiten die Aussenwand ihrer Wurzelhaare für die Bakterien vor. Zu diesem Zeitpunkt heften sich die *Rhizobia*-Bakterien an die Wurzelhaare und bewirken, dass die Wurzelhaarzellen sich um sie herum einrollen. Sie werden von den sich einrollenden Pflanzenzellen verschlungen. Enzyme der *Rhizobia*-Bakterien verursachen dann einen lokalen Abbau der Wurzelzellwände. So können die Bakterien ins Innere der Wurzel eindringen, wo sie sich schnell vermehren. Irgendwann veranlasst ein Signal der Pflanze die Bakterienzellen, die Teilung zu stoppen und sich in stickstofffixierenden Organellen, also in Knötchen, zu organisieren. Die Knötchen bilden ein Gefässsystem, das den schnellen Austausch von Nährstoffen und Stickstoff zwischen den Verbündeten ermöglicht. *Rhizobia*-Bakterien produzieren aus dem Luftstickstoff Ammonium, das die Pflanze nochmals in eine weniger toxische Form umwandelt und über ihre Gefässe in andere Organe transportiert. Karban R. 2015, S. 135f.

11 Eine zusätzliche Komplikation ist: Nicht immer enthält ein Duftsignal die gleiche Botschaft. Ein Signal kann seine Bedeutung verändern, je nach Umgebung oder Zustand einer Pflanze. Methyljasmonate zum Beispiel sind wichtige Warnsignale. Wenn eine Tomatenpflanze von Raupen angefressen wird, produziert sie Methyljasmonate, die auch ihre Nachbarinnen vor der Gefahr warnen. Diese beginnen, ihre Abwehrgene und Enzyme zu aktivieren und sich auf einen Angriff vorzubereiten. Methyljasmonate spielen aber auch in verschiedenen Entwicklungsprozessen, wie Keimung, Wurzelwachstum, Blühen und Seneszenz (Alterungsprozess), eine wichtige Rolle. Die Tomatenpflanze muss also erkennen, dass Methyljasmonate in diesem Zusammenhang Gefahr bedeuten. S. auch Koechlin F. 2008, S. 49ff.

12 Die australische Wissenschaftlerin Monica Gagliano fasst zusammen: »Pflanzen und Bestäuber [...] scheinen ein gegenseitiges Verständnis dieser interaktiven Sprache erreicht zu haben, eine Art gemeinsamen Pakt, wo die Bedeutung von Farben, Formen und Düften zusammen mit den Regeln, die diese Bedeutungen steuern, ständig verhandelt, angenommen und von der Pflanze und ihren Bestäubern einverleibt werden, als Teil ihres koevolutionären Dialogs« (Gagliano M. et al. 2017, S. 91). [Alle Übersetzungen: F. K., wenn nicht anders angegeben.]

13 Veits M. et al. 2019.

14 Eine kleine Übersicht zum Thema, wie und was Pflanzen hören: Frongia F. et al. 2020. S. auch: Koechlin F. und Battaglia D. 2018, S. 15ff.

15 Z. B. Tannine, Phenole, Alkaloide, Terpene oder auch Nikotin oder Koffein.

16 U. a. Nepi M. et al. 2018.

17 Baracchi D. et al. 2017.

18 Pashalidou F. G. et al. 2020.

19 Das Duftmolekül Alpha-Pinen zum Beispiel überlebt in sauberer Luft 40 Stunden, bei mässiger Ozonbelastung von 120 ppb *(parts per billion)* nur noch eine Stunde. Ein anderes Molekül, Beta-Myrcen, gelangt in sauberer Luft mehr als 900 Meter weit, bei 120 ppb Ozonbelastung nur noch rund 300 Meter. In städtischen Regionen erreicht die Ozonbelastung oft 100, manchmal auch 200 ppb.

20 Luftverschmutzung macht nicht nur den Bienen, sondern auch anderen Bestäubern schwer zu schaffen. Zum Beispiel dem Tabakschwärmer *(Manduca sexta),* der Tabakblüten *(Nicotiana alata)* bestäubt. Die Motte konnte die Tabakblüte in ozonbelasteter Luft schlicht nicht mehr finden. Doch mit der Zeit lernen Tabakschwärmer, die Blüten anhand der Abbauprodukte der Blütendüfte zu erkennen. Das sei aber keine Entwarnung, schreibt die Gruppe um Markus Knaden vom Max-Planck-Institut für chemische Ökologie in Jena. Man wisse noch viel zu wenig über den Einfluss von Luftverschmutzung auf Bestäuber. Cook B. et al. 2020.

21 Fuentes J. D. et al. 2016.

22 Die Riesenhonigbiene produziert mehr als 80 Prozent des indischen Honigs und bestäubt mehr als 687 Pflanzenarten.

23 Thimmegowda G. G. et al. 2020.

24 Tilo Henning und Moritz Mittelbach haben die Unterart *Nasa poissoniana* subsp. *glandulifera* als Erste wissenschaftlich beschrieben.

25 *Trap-lining* wurde auch bei manchen Kolibris, Fledermäusen oder Schmetterlingen beobachtet.

26 Es gibt blütenkonstante Bienenarten, die ihre regelmässigen Routen haben. Es gibt aber auch solche, die einfach losfliegen und überall, wo sie können, Pollen und Nektar sammeln.

27 Nach der Blühphase geht eine Blüte in die weibliche Phase

über, in der sie nur noch Pollen erhalten kann. Ist sie befruchtet, verwelkt die Blüte am nächsten Tag.

28 S. auch Baluška F. et al. (Hgg.) 2018.

29 Z.B. Mousavi S.A.R. et al. 2013.

30 Eine Übersicht: Akula R. und Mukherjee S. 2020.

31 Volkov A.G. und Shtessel Y.B. 2018.

32 Li Z.-G. et al. 2019.

33 Das Kino wurde während des Zweiten Weltkriegs durch Bomben zerstört.

34 S. auch Lindner I. 2014. Ines Lindner recherchierte zu Walter Benjamin und vermutete einen Zusammenhang mit der Rezeption von Karl Blossfeldt. Im Laufe ihrer Recherche stiess sie auf den Film *Das Blumenwunder.*

35 Lindner I. 2014, S. 228.

36 Max Scheler hat übertrieben: Eine Sekunde im Film sind vier Stunden im Leben einer Pflanze und nicht vierundzwanzig Stunden.

37 Lindner I. 2014, S. 214.

38 Pressereaktionen: Die *Deutsche Allgemeine Zeitung* schrieb von »gespenstisch anmutenden Bewegungen« (Lindner I. 2014, S. 220) und andere, dass sie beim Zuschauen eine plötzliche sinnliche Erfahrung erlebten, dass Pflanzen wie wir seien, einfach in einer anderen Zeit als wir Menschen. Der Schriftsteller und Philosoph Theodor Lessing (1872–1933) sah »sich durch die Zeitrafferaufnahmen des *Blumenwunders* darin bestätigt, dass die Naturbewegungen nicht auf eine mechanische Auffassung von Leben zurückgeführt werden können, sondern ›Ausdruck von Seele‹ sind« (Lindner I. 2014, S. 213).

39 Das Kino Arsenal ist das Programmkino der Deutschen Kinemathek.

40 Ines Lindner wird aber im ARTE-Film weder erwähnt, noch erhielt sie für alle ihre Recherchen und Vorarbeiten eine Entschädigung.

41 Lindner I. 2014, S. 219.

42 Staehelin B. 1993. S. auch Debelle Y. 2018.

43 Balthasar Staehelin schreibt: »1885 drängten sich während der zwölf Tage der Singhalesenausstellung knapp 50 000 Besucher durch den Zoo [Basel], was der Hälfte des jährlichen BesucherInnen-Aufkommens entspricht« (Staehelin B. 1993, S. 49).

44 Der griechische Philosoph Protagoras beschrieb die anthropozentrische Haltung so: »Der Mensch ist das Mass aller Dinge, er ist das Zentrum und das Ziel der Schöpfung, alles dient seinen Zwecken, alles ist nur Mittel für ihn.«

45 Die Schweizer Bundesverfassung gesteht allen Kreaturen – also auch Pflanzen – eine Würde zu, die zu achten sei. Artikel 120, Absatz 2 legt fest, dass der Bund »der Würde der Kreatur« Rechnung trägt. Dies ist einmalig; kein anderes Land kennt eine solche Verfassungsnorm. Nur Bolivien ging in eine ähnliche Richtung. 2010 verabschiedete das Parlament das Gesetz über die Rechte der Mutter Erde *(Ley de Derechos de la Madre Tierra)*. S. auch Koechlin F. 2016, S. 169ff.; Pelizzon A. und Gagliano M. 2015.

46 Marder M. 2013.

47 Weitere Bücher, eine Auswahl: Marder M. 2018; Irigaray L. und Marder M. 2016; Marder M. 2014.

48 U.a. Monica Gagliano, František Baluška, Dieter Volkmann und Stefano Mancuso.

49 »A rose is a rose is a rose is a rose« stammt aus dem Gedicht *Sacred Emily* von Gertrude Stein (1874–1946) aus dem Jahr 1922. Die US-amerikanische Schriftstellerin schrieb Bücher, Essays und Gedichte. Der Satz »A rose is a rose is a rose« wurde seither vielfach interpretiert. Für mich ist es ein tröstlicher Satz: Wir können uns Pflanzen annähern, doch sie bleiben letztendlich ein Mysterium.

50 Gemäss Wikipedia ist maschinelles Lernen ein Oberbegriff für die »künstliche« Generierung von Wissen aus Erfahrung: Ein künstliches System lernt aus Beispielen und kann diese nach Beendigung der Lernphase verallgemeinern. Dazu bauen Algorithmen beim maschinellen Lernen ein statistisches Modell auf, das auf Trainingsdaten beruht.

51 Die Neuron SpikerBox ist ein Bioverstärker, mit dem man elektrische »Spitzen« oder Aktionspotentiale von lebenden Signalneuronen in Pflanzen und Wirbellosen in Echtzeit hören und sehen kann.

52 Auch Blitze können die Folge elektrostatischer Entladungen sein.

53 Ein asiatischer, in den Tropen vorkommender Strauch.

54 Die Inspiration zu dieser Versuchsreihe erhielt Peter Gloor vom

genialen indischen Physiker Jagadish Chandra Bose (1858–1937). Bose hatte bereits Anfang des 20. Jahrhunderts nachweisen können, dass Pflanzen sich zu Musik bewegen: anhand von gerussten Glasplatten, die sich mit Hilfe eines Uhrwerks langsam drehten. Die verkabelten Pflanzen hinterliessen auf den Platten feine Löcherspuren. Heute, sagt Gloor, könne man dank künstlicher Intelligenz und neuer Kameraverfahren das sehr viel einfacher und besser abbilden.

Jagadish Chandra Bose wurde in Ostbengalen geboren, studierte in England Physik, Chemie und Botanik und lehrte als Professor für Physik am Presidency College in Kalkutta. Über dreissig Jahre widmete er sich dem Studium der Pflanzen und schrieb dreizehn Bücher dazu. Für seine bahnbrechenden Entdeckungen über das pflanzliche »Innenleben« wurde er 1917 geadelt und 1920 als erster Inder Mitglied der renommierten britischen Royal Society. Nach seinem Tod gerieten seine Forschungen bei uns in Vergessenheit. Die Diskrepanz zur westlichen Vorstellungswelt war wohl zu gross.

55 Die Töne wurden mittels Mel Frequency Cepstral Coefficients (MFCC, zu Deutsch Mel-Frequenz-Cepstrum-Koeffizienten) analysiert: ein etabliertes Maschinenlernverfahren, das eine Tonsequenz in Zahlen zerlegt, die die Abfolge von Tönen beschreiben, von laut zu leise, von hoch zu tief, von langsam zu schnell und Kombinationen davon.

56 Mimosenpflanzen, die Jodelklänge hörten, hoben ihre Blätter 41 Prozent schneller als jene in der Stille, bei Technomusik waren die Bewegungen 23 Prozent schneller.

57 Wozu aber bewegen Mimosen ihre Blätter zu Jodelmusik? Das kann für die Pflanze kaum eine wertvolle Information sein. Dass aber Pflanzen Vibrationen wahrnehmen, diese verarbeiten und darauf antworten, dass sie also hören, ist inzwischen in vielen Studien nachgewiesen worden. Die australische Forscherin Monica Gagliano konnte zeigen, dass Erbsen das Rauschen von Wasser hören; ihre Wurzeln wachsen gezielt auf dieses Geräusch hin, auch wenn die Erde trocken ist (s. Koechlin F. und Battaglia D. 2018, S. 15ff.). Nachtkerzen hören das Summen von Bienen (s. Kapitel I, S. 18f.).

58 Oezkaya B. und Gloor P. A. 2020.

59 Die zunehmende Amplitude/Schwingung resultiert aus der ab-

nehmenden Distanz der Person zur Pflanze. Diagramme aus: Oezkaya B. und Gloor P. A. 2020.

60 Bei Menschen ist der Gesichtsausdruck eine universelle Art der Kommunikation, wie ein Team um Alan S. Cowen von der Universität von Kalifornien in Berkeley feststellte. Sie haben in sechs Millionen YouTube-Filmen aus 144 Ländern die Mimik von Menschen untersucht und fanden sechzehn Gesichtsausdrücke, die über alle Kulturen hinweg gleich verstanden werden, um zum Beispiel Trauer, Ärger, Konzentration oder Freude auszudrücken. Cowen A. S. et al. 2021.

61 S. Koechlin F. und Battaglia D. 2012, S. 150ff.

62 Der Mistroboter schiebt Kot und Harn regelmässig in den Spaltenboden. Dies minimiert Ammoniakemissionen und beugt Klauenerkrankungen vor. Der Melkroboter ermöglicht, dass das Lockfutter für jede Kuh individuell eingestellt werden kann. Er analysiert die Milchinhaltsstoffe und misst, wie hoch die Zellzahlen in der Milch sind und welches Gewicht die Kuh nach dem Melken hat.

63 Aus Koechlin F. und Battaglia D. 2012, S. 184f.:
Biologie aus der Teilnehmerperspektive
Aus einem persönlichen Gespräch mit Prof. Dr. Dr. Dr. h. c. Günter Altner, Biologe und Theologe: In den Naturwissenschaften können zwei Herangehensweisen unterschieden werden. Auf der einen Seite die *Biologie des »Erklärens«:* Das ist die klassische Naturwissenschaft nach Kant und Descartes, bei der es um die Herstellung von Rahmenbedingungen geht, unter denen die Natur beobachtet und berechnet wird. Dabei gelten nur die durch Experimente und Mathematik erfassten Phänomene als Wissenschaft. Wissenschaftlich erfassbare Natur ist also nur das, was unter Voraussetzung der Berechenbarkeit erscheint. Die sich dauernd wandelnde Aktivität der »Versuchspartner« und unsere eigenen Einstellungen und Perspektiven spielen keine Rolle und werden aus der wissenschaftlichen Arbeit ausgeklammert.
Dem gegenüber steht die *Biologie aus der Teilnehmerperspektive,* die *Biologie des »Verstehens«.* Die teilnehmende Forschung geht davon aus, dass der Mensch im Kontext der Lebenszusammenhänge die Eigenschaften des Lebens nur dann angemessen beschreiben kann, wenn er zusätzlich aus dem Blickwinkel der

Teilnahme, des »Hineinversetzens«, die Seite des Lebens des »Versuchspartners« mit zur Darstellung bringt. Sie basiert auf der Grundlage, dass beide Partner im Blick auf ihre Teilnahme miteinander einen Diskurs führen, der wissenschaftlich dokumentiert werden kann. Die teilnehmende Forschung ist eine wesentliche Ergänzung zur klassischen Forschung: Es sind zwei Ebenen, bei denen die Erkenntnisvoraussetzungen verschieden sind.

Günter Altner bezieht sich unter anderem auf Jakob Johann und Thure von Uexküll, die die belebte Natur als »Komposition einer grösseren Symphonie« zu begreifen versuchten, in der unendlich viele Bedeutungszuweisungen ineinander verzahnt sind. Aufgabe der Umweltforschung sei es, durch »teilnehmende Beobachtung« sich in diese Welt der Mitteilungen einzuleben und zu verstehen, wie sich ein Lebewesen mit Bedeutungen und Nachrichten auseinandersetzt. So wird der Mensch aus seiner extravaganten Position des ausserhalb der Natur stehenden Beobachters und Ausbeuters in das Netz interartlicher Kommunikationen einbezogen, wobei sich ihm ein tieferes Verstehen der Lebensformen eröffnet. Sie fungieren nun nicht mehr als verfügbare und berechenbare Objekte, sondern als Subjekte, zu deren Verständnis es sensibler Kommunikationsverfahren bedarf.

64 Die ältesten fossilen Funde von Rindern stammen aus dem Pliozän, sie sind also älter als 5 Millionen Jahre. Eine Blütezeit der Rinder war später im Pleistozän, also vor ca. 2,5 Millionen Jahren. Menschen haben Rinder vor rund 10 000 Jahren zu domestizieren begonnen.

65 Das Swiss Fleckvieh ist ein sogenanntes Zweinutzungsrind; die Tiere können gut Milch geben, und ihre Kälber sind auch in der Fleischleistung gut. Aber in beiden Bereichen gibt es keine Höchstleistungen.

66 S. auch Koechlin F. und Battaglia D. 2018, S. 61ff.

67 Anet Spengler Neff sagt: »Manchmal kann man einer Kuh Schmerzen anmerken. Wenn sie zum Beispiel nicht mehr regelmässig wiederkäut oder wenn sie immer wieder Wiederkäubissen aus dem Maul verliert. Oder wenn sie weniger frisst, sich bald hinlegt und andere Ursachen ausgeschlossen werden können.« Bei Aufzuchtrindern treten zudem bei 10 bis 30 Prozent der Tiere Zungenrollen und Zungenschlagen auf; es ist eine Ver-

haltensstörung, die das Abreissen von Gras imitiert, obwohl kein Gras da ist. Zudem treten bei Silagefütterung mehr Stoffwechselprobleme auf, zum Beispiel eine Übersäuerung des Pansens.

68 Einige FiBL-Broschüren zu Rindern (alle auf www.fibl.org):
- Broschüre *Mutter- und ammengebundene Kälberaufzucht in der Milchviehhaltung:* Das Merkblatt beschreibt die natürliche Beziehung zwischen der Kuh und ihrem Kalb und zieht Schlussfolgerungen für die artgerechte Aufzucht der Kälber. Aus der Vielfalt der möglichen Systeme der mutter- und ammengebundenen Aufzucht der Kälber werden elf ausgewählte Verfahren anhand von Praxisbeispielen vorgestellt. Spengler Neff A. et al. 2018.
- Broschüre *Hof- und Weidetötung zur Fleischgewinnung. Stressarmes Töten von Rindern auf dem Landwirtschaftsbetrieb:* Das Merkblatt erläutert die Hintergründe zur Tötung von Rindern auf dem Landwirtschaftsbetrieb, informiert über die gesetzlichen Rahmenbedingungen in der Schweiz, stellt die bisher bekannten Verfahren der Hof- und Weidetötung vor und beschreibt das Vorgehen in einzelnen Schritten. Probst J. und Spengler Neff A. 2020.
- Broschüre *Biomilchviehzucht im Berggebiet:* Das Merkblatt erläutert, an welchen Kriterien sich die art- und standortgerechte Milchviehzucht im Berggebiet orientiert und wie dies mit der eigenen Herde umgesetzt werden kann. Ein besonderes Augenmerk gilt neben der Wahl der Zuchttiere auch den geeigneten Rassen. Anhand von vier Praxisbeispielen werden unterschiedliche Strategien zur Umsetzung der Zuchtziele dargestellt. Spengler Neff A. 2018.
- Broschüre *Die Bedeutung der Hörner für die Kuh:* Die Broschüre fasst Grundlagenkenntnisse und Beobachtungen von biodynamischen Bäuerinnen und Bauern und Forscherinnen und Forschern zur Anatomie, Physiologie, Entwicklungsbiologie und Funktion der Hörner der Kuh zusammen. Spengler Neff A. et al. 2016.

69 Die Eringer sind eine alte Walliser Kuhrasse mit ausgeprägtem Rangordnungssinn und entsprechend kampflustigem Temperament. Jedes Jahr finden im Ring Kämpfe der ranghöchsten Kühe statt. Die Kühe, die dem Kampf ausweichen, scheiden aus, bis am Schluss eine Königin gekürt wird.

70 *Wider die Langeweile in der Nutztierhaltung*
Ein Team um Nina Keil von der landwirtschaftlichen Forschungsanstalt Agroscope (ETH Zürich) konnte zeigen, dass Milchziegen gern zusätzliche Anstrengungen unternehmen, um an Futter zu gelangen, auch wenn sie die gleiche Belohnung ohne Anstrengung erhalten können. Ähnliches wurde bei Schweinen, Rindern oder Hühnern beobachtet. Langeweile und eine reizarme Umgebung sind Faktoren, die bei der Nutztierhaltung bisher viel zu wenig Beachtung fanden. Rosenberger K. et al. 2020.

71 U.a. Ivemeyer S. et al. 2018.

72 *Domestizierung andersherum:*
Wie Bisonherden Hirse oder Quinoa domestizierten
Bis zum Einmarsch der Europäer zogen riesige Bisonherden durch den Mittleren Westen der USA. Sie könnten dafür verantwortlich sein, dass Getreidearten, wie Hirse, Quinoa, Amarant, Buchweizen oder Hanf, überhaupt erst entstanden sind. Die Vorfahren dieser Getreidesorten entwickelten im Laufe der Zeit kleine Samen, so dass sie von den grasenden Weidetieren weit verbreitet werden konnten. So evoluierten ehemalige Gräser zu Getreidearten. Dort, wo die Herden besonders gern grasten, an Flussufern etwa oder auch an anderen Orten, entstanden üppig wachsende und fruchtbare Landschaften. Das könnte unsere Vorfahren im Holozän (vor 7000 bis 5000 Jahren) dazu verführt haben, sich dort niederzulassen, die Samen zu sammeln, sie nachher selbst anzubauen und weiterzuzüchten. So domestizierten riesige Bisonherden womöglich einige unserer heutigen Getreidearten. Das zeigt eine neue Studie von Robert Spengler vom Max-Planck-Institut für Menschheitsgeschichte in Jena und Natalie Mueller von der Washington-Universität in St. Louis. Bisher erkannte niemand, dass die riesigen Bisonherden der wahre Schlüssel zur Domestizierung dieser Getreidesorten waren – weil die Bisons schon längst ausgerottet sind. Spengler III R. N. und Mueller N. G. 2019.

73 In Deutschland sind die Regeln weniger streng und je nach Einzelverband sehr unterschiedlich.

74 Auch die Ställe sollten zum Teil grosszügiger konzipiert werden und die Tiere noch mehr auf die Weide dürfen.

75 Gazzarin C. et al. 2018.

76 Spengler A. 2020.

77 Beweidetes Grasland spielt als natürlicher CO_2-Speicher weltweit eine wichtige Rolle. Ilse Köhler-Rollefson schreibt zur Bedeutung des Pastoralismus (Weidewirtschaft auf kargem Busch- oder Grasland): »Auf jedem Kontinent der Welt – vor allem in den trockensten, steilsten, kältesten und heissesten Gebieten – gibt es Hirtenvölker, die mit Herden von Alpakas, Kamelen, Rentieren, Rindern, Schafen, Wasserbüffeln, Yaks und Ziegen die Gebiete der Erde bewirtschaften, die kaum anders genutzt werden können. Es handelt sich um mehr als 26 Millionen Quadratkilometer, das ist mehr als die gemeinsame Fläche der USA, Chinas und der EU. […] In Burkina Faso werden mehr als 70 Prozent der Tiere in pastoralen Systemen gehalten, in Niger und im Tschad mehr als 80 Prozent und im Sudan, in Tansania und Somalia sogar über 90 Prozent. In Indien, dem Land mit der grössten Zahl armer Nutztierhalterinnen und -halter, stammen mehr als die Hälfte der Milch und mehr als 70 Prozent des Fleisches aus pastoralen Systemen.« Das sei auch ökologisch wichtig, wegen der Bodenfruchtbarkeit und wegen der Speicherung von CO_2. Köhler-Rollefson I. 2021.

78 Anet Spengler schreibt: »Bis zu 1200 Kilogramm Kohlenstoff können durch den gut verrotteten Mist einer Kuh pro Jahr im Boden fixiert werden. So stabilisiert der Mist den Boden und fördert gleichzeitig das Pflanzenwachstum. Er muss nicht weit transportiert werden, und seine Produktion braucht keine zusätzliche Energie« (Spengler A. 2020, S. 2). S. auch Hülsbergen K.-J. und Rahmann G. (Hgg.) 2015; Nemecek T. et al. 2005.

79 Borer E. T. et al. 2014.

80 Modellrechnungen des Forschungsinstituts für biologischen Landbau (FiBL) zeigen, dass mit einer solchen Grünlandnutzung und mit dem Verzicht auf die Fütterung von Ackerfrüchten, wie Getreide, Proteinkraftfutter und Futtermais, an Tiere bis im Jahr 2050 alle Menschen gut ernährt werden können. Gleichzeitig können fast alle wichtigen Umweltparameter inklusive der Treibhauseffekte verbessert werden. Voraussetzungen dafür sind weniger Nahrungsmittelverschwendung und geringere Anteile an tierischen Produkten in der menschlichen Ernährung (etwa ein Drittel der heutigen Menge). Muller A. et al. 2017.

81 Bühlmann T. et al. 2017; Bühlmann T. et al. 2014.

82 Körner C. 2004.

83 Hiltbrunner E. und Körner C. 2018.

84 »Beweidungsprojekt mit Engadiner Schafen in Grünerlenbeständen (Experiment Gamsboden, Urserntal)« (2012). Masterprojekt von Tobias Zehnder, Universität Basel.

85 Marcus Maeder et al. schreiben: »Darüber hinaus kommunizieren bestimmte im Boden oder auf seiner Oberfläche lebende Tiere akustisch über tieffrequente Vibrationen miteinander, was das Hören des Bodens zu einem überraschenden und faszinierenden Erlebnis macht. Diese Signale werden durch den Stridulationsapparat [Beine, Mandibeln oder andere Körperteile. Stridulation bezeichnet die Lauterzeugung durch Reiben zweier gegeneinander beweglicher Körperteile; F. K.] von Bodeninsekten (sowohl adulte als auch Larven) erzeugt. Einige Studien haben die Stridulationssignale verschütteter Ameisen untersucht, die ihre Position gegenüber Artgenossen signalisieren, oder Signale für die Rekrutierung von Nestmitgliedern für Nahrungsressourcen, während andere Berichte über die Vibrationskommunikation von Gras- und Blatthüpfern zu finden sind, die das Substrat (Pflanzen, Boden) als Kommunikationsmedium für Paarungszwecke nutzen« (Maeder M. et al. 2019).

86 In Zusammenarbeit mit der Zürcher Hochschule der Künste ZHdK.

87 Maeder M. et al. 2019.

88 Ein weiteres Projekt von »Sounding Soil« ist eine begehbare Installation in einem Schiffscontainer und mit einer 3-D-Surround-Lautsprecheranlage. Innen ist es dunkel, man hat das Gefühl, sich im Boden zwischen Wurzeln und Tieren zu befinden. Auf dem Touchscreen eines grossen Bildschirms erscheint die Klangkarte Schweiz mit den über dreissig weissen Punkten, jeder Punkt eine Bodenaufnahme, deren Geräusche einen in die unterirdische Welt eintauchen lassen. Der Container ist derzeit (2020) auf Tournee in der Schweiz.

89 Auch die Jahreszeiten spielen eine Rolle: Im Herbst und Winter kommt der Boden zur Ruhe; die Tiere im Boden ziehen weiter nach unten in die Tiefe oder verfallen in Winterstarre. Und dann wird es still im Boden. Im Frühling erwacht der Boden neu.

90 Ich konnte das in meinem Garten feststellen: Nachdem ich den Boden bewässerte, änderten sich die Geräusche im Boden.

91 S. auch Koechlin F. und Battaglia D. 2012, S. 107ff.

92 Regentropfen können Sensoren oder Kabel treffen und Extrageräusche verursachen. Auch Windgeräusche können via Stängel und Wurzeln in den Boden übertragen werden und die Aufnahmen beeinflussen.

93 Maeder M. (Hg.) 2017, S. 47ff.

94 Pouliot A. 2018.

95 Ein Kuhfladen kann innerhalb von ein paar Tagen verschwinden – oder aber ein Jahr lang bestehen bleiben, je nach Regenmenge, Klima und abhängig von der Aktivität von Insekten, Pilzen und Mikroorganismen. Dabei verschwinden Fladen von Kühen, die keine Antibiotika und andere Zusatzstoffe erhielten, meist schneller als solche von behandelten Kühen.

96 Alison Pouliot sagt: »Saprophytisch lebende Pilze, also Pilze, die organisches Material abbauen, sorgen somit für Ordnung und halten durch ihr Recycling den Lebenskreislauf der Natur in Gang. Nicht nur im Wald. Und ohne den Einsatz von Saprophyten würde es im Wald aussehen wie auf einer Müllhalde. Totholz würde sich mehrere Meter hoch stapeln, abgestorbene Bäume würden nach dem Umfallen einfach liegenbleiben. Nährstoffe wären im Waldboden bald keine mehr vorhanden. Auch ausserhalb des Waldes sind sie unverzichtbare Helfer. Ein gewisser Totholzanteil im Wald, in einem Grünstreifen, im Garten oder in einem Park ist also sehr förderlich.«

97 Mykorrhizanetze: Die allermeisten Pflanzen gehen unter der Erde eine Verbindung mit Mykorrhizapilzen ein – eine überaus erfolgreiche Symbiose. Pflanzen liefern den Pilzen Zuckerverbindungen, die sie mit Hilfe der Photosynthese herstellen. Pilze wiederum liefern Nährstoffe und Wasser. Die beiden Partner sind ganz und gar aufeinander angewiesen. Eine Buche, die nicht am Mykorrhizanetz hängt, würde nur so gross wie ein Spielzeugbäumchen. Ihr fehlten essentielle Nährstoffe, wie Stickstoff oder Phosphate. Und die Pilze sind angewiesen auf die Energieversorgung durch die Pflanzen.

Vor über 450 Millionen Jahren gelangten Algen aus dem Wasser auf das Land, auf ein Land also, auf dem noch keine Pflanzen wuchsen, das rau, unwirtlich, trocken und kahl war. Diese Vorfahren heutiger Pflanzen konnten dank der Photosynthese selber Zuckerverbindungen herstellen, doch sie hatten keine Wurzeln, um sich festzuhalten, sie konnten Wasser weder speichern noch transportieren, sie konnten mineralische Nährstoffe nicht aus dem Boden gewinnen. Das alles hatten sie für ein Leben im Wasser nicht gebraucht. Wie also konnten sie Land besiedeln? Durch das Eingehen einer engen Partnerschaft mit Pilzen. So entstanden Mykorrhizanetze. Die Pilze dienten mit ihrem engen Hyphengeflecht als Halt; Wurzeln entstanden erst später in der Evolution. Und sie belieferten die Algen mit Nährstoffen und Wasser, im Tausch gegen Kohlenhydrate.

Merlin Sheldrake schreibt: »Diese frühen Bündnisse entwickelten sich zu den ›Mykorrhiza-Beziehungen‹ weiter, wie wir sie nennen. Heute sind mehr als 90 Prozent aller Pflanzenarten auf Mykorrhiza-Pilze angewiesen. Solche Beziehungen sind also nicht die Ausnahme, sondern die Regel [...]. Auf der Grundlage dieser innigen Partnerschaft – die auch Kooperation, Konflikte und Konkurrenz umfasst – sorgen Pflanzen und Mykorrhiza-Pilze für ein kollektives Gedeihen, das die Grundlage für unsere Vergangenheit, Gegenwart und Zukunft bildet. Wir sind ohne sie undenkbar, und dennoch denken wir nur selten über sie nach« (Sheldrake M. 2020, S. 188f.). S. auch Koechlin F. 2016, S. 75ff.; Koechlin F. und Battaglia D. 2018, S. 37ff.

98 Z. B. *Nuclear traffic in a filamentous fungus,* www.youtube.com/watch?v=AtXKcro5o30 oder *Fungal freeways,* www.youtube.com/watch?v=WpgAA1mh7Io (abgerufen im Sommer 2020).

99 Die Fruchtkörper bilden Sporen – so können sich Pilze vermehren und verbreiten.

100 Theophrast, ein Schüler des Aristoteles, versuchte, Trüffel zu beschreiben – indem er angab, was sie nicht sind: Sie haben »keine Wurzeln, keinen Stängel, keine Zweige, keine Knospen, keine Blätter, keine Blüten und keine Früchte; ebenso keine Rinde, kein Mark, keine Fasern und keine Adern« (Sheldrake M. 2020, S. 311).

101 Merlin Sheldrake schreibt: »Bis heute wissen wir nicht genau, wie Mycel-Netzwerke ihr eigenes Verhalten koordinieren und den Kontakt mit sich selbst aufrechterhalten, ganz zu schweigen von der Frage, wie sie in natürlichem Boden ihre Wechselbeziehungen zu mehreren Pflanzen handhaben. Immerhin wissen wir aber eines: Mycel-Netzwerke sind keine *Dinge,* sondern fortlaufende Geschehen. Wir wissen, dass sie miteinander ver-

schmelzen und sich selbst zurückschneiden können, dass sie die Substanzströme in ihrem Inneren umleiten und sowohl Wolken chemischer Substanzen freisetzen als auch auf sie reagieren. Wir wissen, dass Mykorrhiza-Pilze ihre Verbindungen zu Pflanzen ausbilden und umbilden, dass sie sich verflechten, entflechten und neu flechten. Kurz gesagt, wissen wir, dass Wood Wide Webs dynamische Systeme sind, die sich in einem schillernden, unaufhörlichen Umbruch befinden.
Gebilde, die sich so verhalten, werden locker unter dem Begriff ›komplexe adaptive Systeme‹ zusammengefasst. Komplex sind sie, weil sich Voraussagen über ihr Verhalten kaum allein aus Kenntnissen über ihre Bestandteile ableiten lassen; adaptiv sind sie, weil sie sich selbst je nach den Umständen neu organisieren und neue Formen oder Verhaltensweisen hervorbringen. Wie alle Lebewesen, so ist auch jeder Mensch ein komplexes adaptives System. Für das Wood Wide Web gilt das Gleiche. Ebenso für das Gehirn, für Termitenkolonien [...]. In einem komplexen adaptiven System können schon kleine Veränderungen grosse Auswirkungen haben, die sich nur in dem System als Ganzem beobachten lassen. Nur in den seltensten Fällen kann man fein säuberlich einen Pfeil zwischen Ursache und Wirkung zeichnen. Reize, die als solche vielleicht nur unauffällige Gesten sind, rufen oftmals erstaunliche Reaktionen hervor« (Sheldrake M. 2020, S. 257f.).

102 Die DNA-Sequenzierung hat die taxonomische Pilzkunde revolutioniert und den Zugang zum bisher nur in der Vorstellung existierenden Reichtum pilzlichen Lebens beschleunigt.

103 Der Holzstrunk wird jetzt von drei Organismen rezykliert: von Bakterien, wirbellosen Tieren und Pilzen. Die Tiere machen das mechanisch. Sie zerbeissen das Holz Stück für Stück in immer kleinere Teile. Pilze hingegen machen das chemisch mit Hilfe von Enzymen, sie lösen die Holzstruktur zu Krümeln auf, weiter und weiter. So entsteht Boden, und so wird alles wieder für Pflanzen verfügbar.

104 Herren H. R., Haerlin B. und IAASTD+10 Advisory Group (Hgg.) 2020, S. 129.

105 Brandstetter J. und Reichholf J. H. 2016, S. 270f.

106 Sheldrake M. 2020, S. 124ff.

107 Schmieder S. S. et al. 2019.

108 S. u.a. Olsson S. und Hansson B.S. 1995.

109 Zhang L. et al. 2012.

110 MicroRNA ist schon seit den frühen 1990er Jahren bekannt. Anfangs war man überzeugt, dass sie nur innerhalb einer Zelle vorkommt. 2008 fanden Forscher und Wissenschaftlerinnen zum Erstaunen aller microRNA auch im Blut und in anderen Körperflüssigkeiten von Tieren und Menschen. Sie zirkuliert im ganzen Körper. Man nimmt heute an, dass sie bei der Kommunikation von Zelle zu Zelle – auch über weite Strecken – eine Rolle spielt und weit entfernte Prozesse im Körper steuern kann.

111 Baier S.R. et al. 2014.

112 Campbell K. 2020.

113 Luo Y. et al. 2017.

114 U.a. Title A.C. et al. 2015.

115 U.a. Rakhmetullina A. et al. 2020.

116 U.a. Benmoussa A. und Provost P. 2019.

117 U.a. Campbell K. 2020.

118 Die UNO verabschiedete 2015 mit allen Mitgliedsstaaten die Agenda 2030 für eine nachhaltige Entwicklung, die 2016 in Kraft getreten ist. Es ist ein auf siebzehn Nachhaltigkeitszielen *(Sustainable Development Goals, SDGs)* basierender Aktionsplan zur Bewältigung der wichtigsten globalen Herausforderungen der kommenden fünfzehn Jahre. www.un.org/sustainable development/news/communications-material (abgerufen am 20.12.2020). Nature & More publizierte 2020 eine Literaturrecherche zu den siebzehn Nachhaltigkeitszielen und zeigt auf, wie der ökologische Landbau zur Erreichung dieser Ziele beitragen kann. de Schaetzen S. 2020.

119 Bommelaer O. und Devaux J. 2011.

120 Roversi A. 2020.

121 Michalke A. et al. 2019.

122 Alessandra Roversi von Biovision schreibt: »In der Schweiz hat eine Studie von Avenir Suisse aus dem Jahr 2018 die Umweltkosten der Agrarpolitik mit 7,3 Milliarden Franken beziffert. Davon entfallen namentlich 4,9 Milliarden Franken auf den Biodiversitätsverlust und 371 Millionen Franken auf Treibhausgasemissionen aus der Landwirtschaft« (Roversi A. 2020).

123 Roversi A. 2020.

124 Li C. et al. 2020.

125 *Biodiversität bringt nur Vorteile*

Dass Biodiversität in Landwirtschaftssystemen grosse und vielfältige Vorteile bringt, zeigt auch eine Auswertung von mehr als 5000 Studien aus der ganzen Welt. Fazit: Diversifizierung führt bei über zwei Drittel der Studien zu positiven Effekten auf Ertrag, Artenvielfalt oder Wasserhaushalt. Ebenso reduziert sie Klimagase, wie Kohlendioxid und Methan, dämmt Schädlinge ein und begünstigt bestäubende Insekten. Auch die Bodenqualität lässt sich mit Diversifizierung halten oder gar verbessern. Tamburini G. et al. 2020.

126 *Die unterirdischen Pilz-und-Mikroben-Netzwerke sind im Biolandbau vielfältiger und besser vernetzt als solche in Böden von konventioneller Landwirtschaft*

Ein Team um Samiran Banerjee vom Agroscope in Zürich konnte zeigen, dass es in den Böden einer Biolandwirtschaft nicht nur mehr Pilze und mehr Kleinstlebewesen gibt, sondern dass diese unterirdischen Netzwerke in Bioböden auch viel stärker vernetzt sind als in konventioneller Intensivlandwirtschaft. Das wiesen sie anhand von DNA-Analysen der Kleinstlebewesen nach. Sie schreiben: »Die Komplexität der Pilznetze auf biologisch bewirtschafteten Feldern war fast doppelt so hoch wie bei konventionellen [...] Anbaumethoden.« Komplexe Netzwerke seien resistenter, sie könnten Dürre oder anderen Bedrohungen besser standhalten. Das Team untersuchte das Wurzelwerk von Weizen auf sechzig verschiedenen Schweizer Landwirtschaftsbetrieben – ein gutes Beispiel von »On-farm«-Forschung. Banerjee S. et al. 2019.

127 Guégan S. und Léger F. 2015.

128 Quist D. und Chapela I. H. 2001.

129 Piñeyro-Nelson A. et al. 2009.

130 Vorgeschichte: Im 19. Jahrhundert führte Gregor Mendel (1822–1884) seine berühmten Kreuzungsversuche mit Erbsen durch. Er fand heraus, dass die Nachkommen nicht nur ganz bestimmte Eigenschaften von ihren Eltern übernehmen, sondern dass dieser Prozess auch bestimmten Regeln folgt. Es müssten also, meinte er, bestimmte Faktoren für die »Vererbung« existieren. Diese nannte er folgerichtig »Erbfaktoren«.

Der Begriff »Gen« wurde erst später, im Jahr 1909, von dem

Biologen Wilhelm Johannsen (1857–1927) geprägt. Er meinte damit eine biologische Substanz, die Eigenschaften eines Lebewesens ursächlich bestimmt und dafür sorgt, dass diese Informationen von Generation zu Generation weitergegeben, eben vererbt werden. Woraus diese Erbsubstanz besteht, wo sie sich befindet, wie sie funktioniert, das wusste man nicht – es war eine Black Box.

Später fanden Forscher, dass sich diese Erbfaktoren, nun Gene genannt, in den Chromosomen eines jeden Zellkerns befinden müssten. In den Chromosomen »verpackt« ist das chemische Molekül DNA. Doch wie DNA aufgebaut war, auf welche Weise sie Erbfaktoren enthält und an nächste Generationen weitergibt, wusste man immer noch nicht, bis 1953 Francis Crick (1916–2004) und James Watson (geb. 1928) das Modell der Doppelhelix aufstellten.

131 Sie hatten die Kenntnisse über die chemische Zusammensetzung der DNA mit den Daten einer neuen, spektakulären Röntgenstrukturanalyse des Zellkerns von Rosalind Franklin (1920–1958) kombiniert (ohne deren Zustimmung) und erhielten dafür den Nobelpreis für Medizin. Der wesentliche Beitrag Rosalind Franklins wurde von den beiden nicht erwähnt.

132 Richard Dawkins beschreibt in seinem Buch *Und es entsprang ein Fluss in Eden* (englisch *River Out of Eden*) das Zentrale Gendogma auf eindrückliche Weise: »Der im Titel meines Buches genannte Fluss ist ein Fluss aus DNA, und er fliesst nicht durch den Raum, sondern durch die Zeit. Es ist ein Strom der Informationen, nicht der Knochen und Gewebe: ein Fluss der abstrakten Anweisungen für den Aufbau von Körpern, kein Fluss aus den festen Körpern selbst. Die Informationen fliessen durch die Körper und beeinflussen sie, aber sie selbst werden von ihnen auf ihrem Weg nicht beeinflusst. Der Strom ist nicht nur unbeeinflusst von den Erfahrungen und Leistungen der aufeinanderfolgenden Körper, durch die er fliesst, sondern auch unbeeinflusst von einer möglichen Quelle der Verunreinigung, die, wie es aussieht, viel wirkungsvoller ist: von der Sexualität« (Dawkins R. 1996, S. 17).

133 Black D. L. 1998.

134 Weiteres Beispiel: Marc Vidal und sein Team vom Dana-Farber Cancer Institute in Boston wiesen nach, dass ein Gen unter-

schiedliche Proteine mit unterschiedlichen Funktionen codieren kann und dies häufig vorkommt. Die Gruppe verglich Proteine, die von 1500 Genen codiert wurden. Dabei stellte sich heraus, dass mindestens 500 Gene für mindestens zwei Proteine codierten. Yang X. et al. 2016.

135 Ein Beispiel: Scrapie, eine tödlich verlaufende Erkrankung des Gehirns bei Schafen und Ziegen, wird wahrscheinlich durch fehlgebildete Proteine (Prionen) hervorgerufen. Diese Prionen informieren andere Proteine und veranlassen sie, sich ebenfalls zu verändern. Die Krankheit nimmt ihren Lauf. Ein weiteres Beispiel sind prionähnliche Proteine, die in unterschiedlichen Faltungen auftreten. Wenn diese Faltungen stabil sind und die Anwesenheit der einen Form die Umfaltung der anderen Form auslöst, können Informationen vererbt werden. Diese Vererbung ist zum Beispiel bei Pilzen wie den Hefen nachgewiesen.

136 Ken Richardson schreibt: »Es gibt keinen Zusammenhang zwischen der Komplexität der Lebewesen und der Anzahl der Gene, die sie besitzen. Aber es gibt eine Korrelation mit der sich entwickelnden Komplexität der Regulationsnetzwerke. Das Zählen von Genen, um das Ganze zu verstehen, ist wie die Beurteilung eines Buches durch das Zählen von Buchstaben. Das ist nicht möglich« (Richardson K. 2019).

James A. Shapiro schreibt: »DNA ist ein hochgradig formbares Speichermedium, das schnelle und grössere Veränderungen an komplexen Organismen ermöglicht, ohne ihre funktionelle Integrität zu stören. [...] Für Wissenschaftler ist es wichtig, die erstaunliche Zuverlässigkeit und Komplexität lebender Zellen im Auge zu behalten. Selbst die kleinsten Zellen enthalten Millionen verschiedener Moleküle, die zu einem integrierten Set von dichtgepackten und sich ständig verändernden makromolekularen Strukturen zusammengefasst sind. [...] Jeder reproduktive Zellzyklus umfasst buchstäblich Hunderte von Millionen biochemischer und biomechanischer Ereignisse« (Shapiro J. A. 2013).

137 Ken Richardson schreibt: »Langsam erkennen wir, dass wir [...] von unseren Eltern dynamische Systeme erben, nicht nur Gene. Eizellen und Spermien enthalten eine grosse Vielfalt verschiedenster Faktoren: Enzyme und andere Proteine; Aminosäuren; Vitamine; Mineralien; Fette; RNA (Nukleinsäuren ausser DNA); Hunderte von Signalfaktoren und andere Moleküle. [...]

Molekularbiologen haben beschrieben, wie alle diese Faktoren Netzwerke komplexer Interaktionen bilden. Gemeinsam organisieren sie sich selbst, entsprechend den sich ändernden Bedingungen um sie herum. Da sie für statistische Muster in den Veränderungen sensibel sind, nehmen sie zukünftige Zustände vorweg und schaffen oft neue, emergente Eigenschaften, um ihnen zu entsprechen« (Richardson K. 2019).

138 Dokumentiert sind eineiige Zwillinge, bei denen einer die Zunge rollen kann, der andere nicht, obwohl beide die gleiche DNA (also Gene) besitzen. Das deutet darauf hin, dass mehrere Gene involviert sind. Bekannt sind auch »Zungenroller«, die diese Eigenschaft erst im Lauf der Jahre erworben haben – also spielen auch Umwelteinflüsse eine Rolle.

139 Barbara McClintock (1902–1992), die mobile genetische Elemente beschrieben hatte, lange bevor die »springenden Gene« entdeckt wurden, und dafür den Nobelpreis für Medizin erhielt, schreibt (1984): »Wir kennen nun die Komponenten der Genome [...], wir wissen aber nichts darüber, wie die Zelle eine Gefahr spürt und darauf Antworten initiiert, die oft wahrhaft erstaunlich sind.« Heute weiss man zwar einiges über epigenetische Systeme, doch es bleibt immer noch ein Mysterium.

140 Weitere Beispiele epigenetischer Veränderungen – die sich auch auf den Nachwuchs auswirken können:

Fette und schlanke Mäuse: You are what your mother ate

Einer der ersten Nachweise epigenetischer Beeinflussung des Nachwuchses gelang Randy Jirtle von der Duke-Universität in Durham, North Carolina. Sein Team mischte schwangeren Mäusen die Zusatzstoffe Vitamin B_{12} und Folsäure ins Futter. Die Mäusemütter hatten eine gelbliche Fellfarbe und waren ziemlich dick. Sie gebaren aber schlanke und braune Jungen. Jirtle fand bei den Nachkommen einen DNA-Abschnitt, der durch die Zusatzstoffe der mütterlichen Nahrung stillgelegt worden war. Diese Zusatzstoffe gelangten also durch den mütterlichen Kreislauf in die Plazenta und von dort in den Kreislauf der Embryonen, von wo aus sie die embryonale DNA in deren Zellkernen modifizierten. Die mütterliche Nahrung hatte also direkten Einfluss auf die DNA der Embryonen. »Du bist, was deine Mutter ass«, hiess es in einer Wissenschaftszeitschrift über diesen Versuch. Waterland R. A. und Jirtle R. L. 2003.

Wildpflanzen passen sich an

Ein Team um Francisco Balao von der Universität Sevilla wollte wissen, wie sich Pflanzen an das trockene Klima mediterraner Regionen anpassen und welche Rolle die Epigenetik spielt. In ihrer Übersichtsstudie beschreibt die Gruppe, wie das von Pflanzenart zu Pflanzenart ganz unterschiedlich sein kann. So zeigte die Vogelkirsche *(Prunus avium)* aus verschiedenen Gegenden keine grossen Unterschiede zwischen genetischer und epigenetischer Vielfalt. Anders bei der Stinkenden Nieswurz *(Helleborus foetidus)* oder bei einem nur in Spanien vorkommenden Veilchen *(Viola cazorlensis)*. Beide können sich gut an eine trockene oder besonders heisse Umgebung anpassen, indem sie ihre DNA immer wieder neu regulieren. Die Unterschiede zwischen den einzelnen Pflanzen sind in der Epigenetik sehr gross, nicht aber in der Genetik. Auch dass der Flohknöterich *(Polygonum persicaria)* bei Trockenheit kleinere Blätter bildet und sich so vor Austrocknung besser schützen kann, ist epigenetisch reguliert. Diese Eigenschaft vererbt der Flohknöterich an seine Nachkommen. Balao und sein Team betonen, dass Epigenetik bei der Anpassung an besonders widrige Umstände eine Schlüsselrolle zu spielen scheint. So führe auch Stress dazu, dass das epigenetische Gedächtnis öfter und über mehr Genrationen an die Nachkommen vererbt werde. Balao F. et al. 2018.

Pflanzen passen sich – epigenetisch – an den Klimawandel an

An der Universität Zürich konnte ein Team um Ueli Grossniklaus nachweisen, dass epigenetische Veränderungen den Pflanzen helfen, sich an den Klimawandel anzupassen. Ihre Idee: Wenn sich die Umwelt rasch ändert, ist es von Vorteil, wenn eine Pflanze ihre Samen möglichst weitherum verbreiten kann. Das untersuchten sie an der Modellpflanze *Arabidopsis*. Für die Weiterzucht verwendeten sie während mehrerer Generationen nur diejenigen Samen, die am weitesten von der Mutterpflanze entfernt waren. Das war das einzige Selektionskriterium. Danach liessen sie die Pflanzen während dreier Generationen ohne Selektion wachsen und verglichen deren epigenetische Regulierung mit den Ausgangspflanzen. Sie fanden bei molekularen Untersuchungen grosse Unterschiede bei der epigenetischen Regulierung: Rund 50 000 Gene waren anders reguliert worden. Die Veränderungen hatten etwa mit der Blütezeit, dem

Grad der Verzweigung und der Pflanzengrösse zu tun – alles Merkmale, die sich auf die Samenverbreitung auswirken. Diese Eigenschaften vererbten die Pflanzen auch weiter. Epigenetik könnte für die Züchtung von grosser Bedeutung sein. Schmid M. W. et al. 2018.

Die zahmen Silberfüchse

1959 begann Dmitri Beljajew (1917–1985), Genetiker an der Sowjetischen Akademie der Wissenschaften in Nowosibirsk, ein Experiment, das bis heute andauert: Er wählte aus einer Gruppe von Silberfüchsen immer nur die zahmsten aus und führte mit diesen die Zucht weiter. Bereits nach fünfzehn Generationen erwiesen sich die ausgewählten Füchse als überaus zutraulich. Sie wedelten mit dem Schwanz und winselten, wenn ein Mensch sich näherte, wollten gestreichelt werden. Sie wurden auch vielfarbiger, einige hatten ein rotes, andere ein schwarzes, braunes oder weissgetupftes Fell. Einige Füchse hatten zudem Schlappohren ausgebildet, andere trugen einen geringelten Schwanz, hatten kürzere Beine oder eine andere Schädelform. Das hat sich bis heute gehalten. Beljajew stellte damals die Hypothese auf, dass Tiere ein grosses Reservoir an »schlafenden« Genen besässen. Die extreme und einseitige Selektion auf Zahmheit habe im Erbgut Stress ausgelöst, was wiederum bewirkt habe, dass etliche »schlafende« Gene aktiviert wurden. Die neuen Genmuster seien dann weitervererbt worden. »Das ist eine sehr gute Beschreibung dessen, was wir heute als epigenetische Vererbung bezeichnen. Wir nehmen an, dass die extreme Selektion auf Zahmheit bei den Silberfüchsen vor allem das Nervensystem destabilisierte«, sagt Eva Jablonka, die an der Universität Tel Aviv Evolutionstheorie und Genetik lehrt und sich Dmitri Beljajews Zucht vor Ort anschaute. Das habe dann zu Veränderungen des Verhaltens und des Aussehens geführt, die bis heute stabil weitervererbt wurden. S. u. a. Koechlin F. und Battaglia D. 2012, S. 131ff.

Ähnliches konnte ein Team um Kevin Parsons von der Universität Glasgow bei Stadtfüchsen in London beobachten, die sich dort schon seit hundert Jahren heimisch fühlen. Die Stadtfüchse nehmen langsam hundeähnliche Eigenschaften an, sind zutraulicher als ihre Artgenossen vom Land, haben kürzere Schnauzen und einen kleineren Gehirnschädel. Parsons K. J. et al. 2020.

141 Rasmann S. et al. 2012.

142 Zheng X. et al. 2017.

143 Nätt D. et al. 2012.

144 *Palmer-Fuchsschwanz* (Amaranthus palmeri) – *ein Problem der Agrogentechnik*

Der Palmer-Fuchsschwanz (oder Amarant) ist in den USA seit dem Aufkommen genmanipulierter und herbizidresistenter Mais-, Soja- und Baumwollkulturen zum gefürchtetsten Unkraut schlechthin geworden. Er ist kaum mehr auszurotten. Warum? Bei der Einführung genmanipulierter Kulturen, die gegen Glyphosat, den Wirkstoff des Herbizids Roundup, resistent waren, dauerte es nicht lange, bis auch der Palmer-Fuchsschwanz gegen das Pflanzengift eine Resistenz entwickelte. Roundup gegen den Palmer-Fuchsschwanz zu spritzen half nichts mehr. Daraufhin kam genmanipuliertes Saatgut auf den Markt, das gegen andere, ältere Herbizide resistent war, wie etwa Dicamba oder 2.4D. Auch dagegen entwickelte der Palmer-Fuchsschwanz in einigen Gebieten Resistenzen. Dazu kamen Resistenzen gegen die Herbizide Atrazin, Dinitroaniline, Imazaquin sowie Sulfonylharnstoffe.

Der Palmer-Fuchsschwanz ist auch ein exzellentes Beispiel dafür, wie sich eine Pflanze (vor allem dank Epigenetik) rasch und flexibel an eine feindliche Umwelt anpassen kann, in diesem Fall an Umweltgifte, die dafür geschaffen wurden, sie zu töten. Auch andere Wildpflanzen haben Resistenzen gegen Herbizide erworben. Steinbrecher R. et al. 2019; Aulakh J.S. et al. 2021. S. auch Gelinsky E. und Lebrecht T. 2020.

145 In der Schweiz besteht bis Ende 2021 ein Moratorium für kommerzielle Freisetzungen gentechnisch veränderter Organismen. Der Bundesrat schlägt vor, das Moratorium um weitere vier Jahre zu verlängern. Die eidgenössischen Räte werden im laufenden Jahr darüber abstimmen.

146 Die Methoden der neuen Gene-editing-Verfahren sind effizienter und einfacher zu handhaben als diejenigen der alten Gentechnik. Doch Nebenwirkungen und Risiken bleiben bestehen:

- Hornlose Rinder galten lange als Vorzeigebeispiel der neuen Gentechniken. Ihnen wurde das Erbgut so verändert, dass sie hornlos sind. Doch 2019 wies die FDA (U.S. Food and Drug Administration) nach, dass die Manipulationen bei den horn-

losen Rindern zu vielen ungewollten Veränderungen geführt hatten. Im Erbgut der Rinder fanden sich unter anderem vollständige DNA-Sequenzen, die Resistenzen gegenüber Antibiotika verleihen. Diese könnten sich rasch in Kuhherden verbreiten. Norris A. L. et al. 2020.
- Bei Reis, der mit neuen Gentechnikmethoden manipuliert wurde, geschahen ungewollte Veränderungen sowohl unmittelbar am Ort des Eingriffs als auch in entfernten Stellen des Erbguts. Manche Gene wurden wegen des Eingriffs zerstört oder gelöscht, andere umgruppiert, wieder andere neu hinzugefügt. Die unbeabsichtigten Veränderungen wurden auch an die Nachkommen vererbt. Biswas S. et al. 2020.
- Das renommierte Fachjournal *Nature* meldete 2020, dass bei menschlichen Embryonen Genmanipulationen mit den neuen Verfahren mehrmals zu einem »chromosomalen Chaos« geführt hätten. Immer wieder seien zahlreiche, unerwartete Veränderungen im Erbgut der Embryonen aufgetaucht. Ledford H. 2020.

Das sind nur drei Beispiele von vielen. Immer mehr Forscherinnen und Forscher warnen inzwischen nicht nur vor den ethischen Implikationen, sondern auch vor den nicht vorhersehbaren Risiken der neuen Gentechniken. Denn wieder werden komplexe Netzeigenschaften eindimensional auf DNA-Abschnitte zurückgeführt. S. auch Kawall K. et al. 2020.

Die Erfolge der neuen Gene-editing-Methoden sind bisher beschränkt; es gibt 2020 wohl weltweit erst zwei mit diesen Verfahren manipulierte Pflanzen auf dem Markt: einen herbizidresistenten Raps der Firma Cibus (USA) und eine Sojasorte, deren Öl weniger Transfettsäuren enthält, der Firma Calyxt (USA).

147 *Keine Patente auf Leben!*

Das Patentsystem, wie wir es für Industriegüter kennen, sorgt dafür, »Erfindungen« von Produkten und Prozessen für eine gewisse Zeit vor Nachahmungen zu schützen. Mit der Möglichkeit, Forschungsergebnisse zu patentieren, sollen die hohen Kosten für Forschung und Entwicklung abgesichert werden.

Damit eine Erfindung patentiert werden kann, muss sie hauptsächlich folgende Kriterien erfüllen:
- Das Patent muss eine »Erfindung« sein und nicht bloss eine »Entdeckung«;

– Neuartigkeit;
– erfinderische Tätigkeit;
– praktische Anwendbarkeit««
– das Patent muss so viele Einzelheiten bekanntgeben, dass eine Fachperson die Erfindung nachbauen oder nachvollziehen kann.

In der Patentgesetzgebung der Schweiz und auch Europas gibt es zudem Ausnahmeregelungen – Dinge, die nicht patentiert werden können. Darunter fallen:
– Pflanzensorten und Tierarten oder wichtige Prozesse für die Produktion von Pflanzen und Tieren (unter Ausschluss mikrobiologischer Prozesse);
– Erfindungen, die im Widerspruch zu öffentlichen Interessen und den »guten Sitten« stehen.

Mit der Möglichkeit, Lebewesen gentechnisch zu manipulieren, entstand ein neues Spannungsfeld. Vor allem die Industrie drängte darauf, ihre Milliardeninvestitionen in die Gen- und Molekularbiologie patentrechtlich zu schützen. Patentgesetze wurden in der Folge mittels juristischer Spitzfindigkeiten so umdefiniert, dass neu auch Mikroben, Pflanzen, Tiere, ja auch menschliche Zellen und Gene patentiert werden können. Dagegen formierte sich weltweit grosser Widerstand.

Denn macht es nicht gerade die Einzigartigkeit des Lebens aus, dass Leben *nicht* erfunden, *nicht* vollkommen beschrieben und *nicht* nachgebaut werden kann? Wenn Tiere, Gene, Lebewesen patentiert werden können wie chemische Substanzen oder Mikrowellenherde, dann steht ihrer radikalen Verdinglichung nichts mehr im Wege.

Patente sind vor allem auch ein Schlüssel zur exklusiven Kontrolle über Pflanzen, Tiere, Mikroorganismen, Gene und Zellen: Ein Patent auf ein Gen oder ein Lebewesen garantiert dem Patentinhaber die Monopolkontrolle über diese »Erfindung«. Beim Patent auf eine (genmanipulierte) Pflanze zum Beispiel erhält er die Exklusivkontrolle nicht nur über diese Pflanze selbst, sondern auch über deren Nachfolgegenerationen, für beinahe zwanzig Jahre – und für alle in der Patentschrift erwähnten, gleichermassen manipulierten Pflanzen.

Er kann die Verwendung des Patentgegenstandes ganz verbieten, dafür Lizenzgebühren verlangen oder um Kreuzlizenzen handeln. Bauernfamilien dürfen aus der Ernte patentierter

Pflanzen kein Saatgut für die nächste Saison gewinnen, sondern müssen es jedes Jahr neu beim Patentinhaber kaufen. Forscher und Forscherinnen dürfen nur mit Erlaubnis und gegen Lizenzgebühren mit dem Patentgegenstand forschen. Züchtern und Züchterinnen ist es verboten, patentierte Pflanzen für die Weiterzucht zu verwenden. Die Privatisierung der genetischen Ressourcen durch Patente ist denn auch ein wichtiger Grund für die starke Konzentration des Agrogeschäfts auf ein paar wenige Unternehmen in den letzten Jahrzehnten.

148 Varoquaux N. et al. 2019.

149 Beispiel: Das philippinische Netzwerk MASIPAG bewahrt und pflegt in seinen gemeindebasierten Saatgutbanken über 2000 verschiedene Reissorten, darunter 18 Sorten, die gut mit Dürre zurechtkommen; 12 Sorten, die überleben, wenn sie einige Tage überflutet werden; 20 Sorten, die gegenüber Salzwasser tolerant sind; und 24 Sorten, die resistent gegen bestimmte lokale Schädlinge sind. Joerss O. et al. 2017.

150 *Zum Beispiel Anopheles-Mücke*

Mehrere Teams arbeiten an Gene-Drives-Methoden zur Ausrottung der Anopheles-Mücke, der Überträgerin von Malaria. Ein Ansatz ist, mit Gene Drives Mücken so zu verändern, dass sie ausschliesslich sterile weibliche Nachkommen hervorbringen. Die Idee dahinter: Wenn es keine Anopheles-Mücken mehr gibt, stirbt auch der Malariaüberträger aus. Theoretisch kann eine Population auf diese Weise schon nach zehn Generationen zusammenbrechen. Erste Freisetzungen sind im westafrikanischen Burkina Faso geplant.

Nur: Auch diese Mücke hat einen Platz in der Nahrungskette. So sind Mückenlarven Nahrung für Käfer, Fliegen, Spinnen, Flachwürmer, Kaulquappen, Fische, Krustazeen und viele mehr; erwachsene Mücken stehen zudem auch auf dem Speiseplan von Vögeln, Fledermäusen oder Libellen. Die Ausrottung einer Art kann sehr bald auf nicht vorhersehbare Weise den Raum für die Ausbreitung anderer Arten öffnen. Geforscht wird auch an der Ausrottung anderer Infektionsüberträger, wie der Tigermücke (Überträgerin von Denguefieber oder Zika).

Zum Beispiel Amarant (Palmer-Fuchsschwanz)

Auch die industrielle Landwirtschaft interessiert sich für Gene Drives. Auf der Wunschliste steht etwa die Ausrottung von

Amarant, einem Beikraut, das in Feldern genmanipulierter Mais- und Sojakulturen zu einem riesigen Problem geworden ist. Die manipulierten Mais- und Sojapflanzen haben eine Resistenz gegen einen Unkrautvertilger wie Roundup oder Dicamba. Die Idee dahinter: Die Felder werden mit den Herbiziden besprüht, und alle Beikräuter sterben ab, nur die manipulierten Pflanzen überleben. Nun haben viele Beikräuter, allen voran Amarant, eine natürliche Resistenz gegen Roundup oder auch Dicamba entwickelt. Sie sind kaum mehr zu beseitigen. Mit der Gene-Drives-Technik möchte man sie wieder anfällig auf Herbizide machen, damit man sie ausrotten kann. Die neue Gentechnik soll dafür eingesetzt werden, die Probleme der alten Gentechnik rückgängig zu machen.

Mareike Imken vom Berliner Büro der Initiative SOS (Save Our Seeds) leitet zusammen mit Benny Haerlin (s. Kapitel XIV) die europäische Kampagne Stop Gene Drives. Im *Kritischen Agrarbericht 2020* schreiben die beiden, dass die Gene-Drives-Entwickler Kevin Esvelt und Andrea Smidler in ihrer Patentschrift noch viel mehr Anwendungen für die industrielle Landwirtschaft patentiert haben wollen; erwähnt seien darin »über hundert Beikräuter und mehr als 300 landwirtschaftliche Schädlinge, denen durch Gene Drives künftig beizukommen sei. Ebenso benennt sie nicht weniger als 186 Herbizide, Insektizide, Fungizide und sonstige Giftstoffe, gegen deren Wirkung wilde Arten per Gene Drive wieder ›sensibilisiert‹ werden könnten, sollten sich dagegen resistente Varianten herausgebildet haben« (Imken M. und Haerlin B. 2020, S. 306).

151 Bereits im Jahr 2000 schrieb die Philosophin Mary Midgley: »Wir wissen, dass die Mechaniker des 18. Jahrhunderts fälschlicherweise annahmen, dass die Welt aus einem Uhrwerk besteht. Dass sich dieses Übervertrauen im 20. Jahrhundert wiederholt, scheint nicht nachhaltiger zu sein« (Midgley M. 2000). Auch im 21. Jahrhundert nicht. Das Erbgut ist ein immens komplexes System, in ständigem Austausch mit seiner Umgebung. Ein System, das nicht einfach zerlegt, neu zusammengesetzt, manipuliert, neu entworfen, konstruiert und genau kontrolliert werden kann.

152 S. z. B. Dressel H. (Hg.) 2019.

153 Auch wird befürchtet, dass Gene Drives gar in andere Orga-

nismen eindringen und dort neue Kettenreaktionen auslösen können. Es besteht ein hoher Level an Unvorhersagbarkeit, an fehlendem Wissen und an potentiell schweren negativen Auswirkungen auf die Biodiversität. Mit einer Ausrottungstechnik auf diese Weise zu experimentieren ist hochriskant – auf einem Planeten, der zurzeit ohnehin schon durch das Aussterben von Tier- und Pflanzenarten in bisher nie gesehenem Ausmass bedroht ist.

154 S. auch Navdanya und Navdanya International (Hgg.) 2020.

155 Das Europäische Parlament sprach sich im Januar 2020 bereits für ein globales Moratorium aus. Dieser Forderung schlossen sich weltweit über 200 Organisationen an. Auch in der Schweiz fordert ein Bündnis von 30 Organisationen den Bundesrat auf, sich bei der UNO-Biodiversitätskonferenz in China für ein globales Moratorium auf die Freisetzung von Gene-Drives-Organismen einzusetzen.

156 Mit dabei waren u. a. Benny Haerlin (s. Kapitel XIV) und Samanta Siegfried.

157 Zareen Pervez Bharucha, Sol Bermejo Mitjans und Jules Pretty schreiben: »Subhash Palekar entwickelte ZBNF nach einer Periode des Eigenstudiums der Vedas (der ältesten Hindu-Schriften), des Biolandbaus und der konventionellen Agrarwissenschaft und prüfte die Methoden auf seiner eigenen Farm« (Bharucha Z. P. et al. 2020). Vijay Kumar Thallam ergänzt: »Subhash Palekar lernte auch viel von indigenen Gemeinschaften und ihrer Liebe zur Vielfalt.« S. auch Khadse A. und Rosset P. M. 2019.

158 In seiner Heimat, dem Bundesstaat Karnataka, der an Andhra Pradesh angrenzt, findet die Methode unter Kleinbäuerinnen und -bauern schon länger Verbreitung, allerdings als Bewegung von unten, ohne Unterstützung der Regierung.

159 *Problem: Genmanipulierte Baumwolle*

95 Prozent von Indiens Baumwolle ist genmanipuliert, und Indien ist der weltweit grösste Exporteur von Baumwolle. Auch in Andhra Pradesh, auch auf Feldern von Bauernfamilien, die auf Natürliche Landwirtschaft setzen, wachsen genmanipulierte Baumwollpflanzen. Ein Widerspruch?

Vijay Kumar Thallam sagt, das RySS befürworte Agrogentechnik nicht, auch nicht die weitverbreitete Gentech-Baumwolle. Doch ein Übergang zu resistenten einheimischen Baumwollsor-

ten brauche Zeit, das müsse Schritt für Schritt geschehen. Auch forsche das RySS selber an einheimischen Baumwollsorten.
Der Hintergrund: 2001 kam die erste genmanipulierte Bt-Baumwolle von Monsanto auf den Markt. Jede Zelle dieser Pflanzen birgt ein Gen des Bakteriums *Bacillus thuringiensis* (Bt) und veranlasst die Pflanze, das Toxin dieses Bakteriums zu produzieren. Anfangs mit Erfolg: Larven des Baumwollkapselkäfers, die an deren Blättern frassen, starben, die Erträge stiegen wieder an, und der Pestizideinsatz reduzierte sich. Doch bald begann alles von neuem: Kapselkäfer wurden resistent gegen das von der Pflanze produzierte Gift. An jenen Orten, an denen sie noch nicht resistent waren, tauchten neue Schädlinge auf und nahmen ihren Platz ein, darunter Heerwürmer, Baumwollblattraupen, saftsaugende Insekten, die Weisse Fliege oder das Blattrollvirus. Man reagierte darauf mit mehr Pestiziden. Doch die Erträge waren trotz höheren Gifteinsätzen und mehr Kunstdünger stagnierend und in vielen Gebieten rückläufig.
2006 führte Monsanto eine neue, genmanipulierte Baumwoll-Hybridsorte in Indien ein, dieses Mal enthielt die Pflanze zwei verschiedene Giftgene. Die neue Gentech-Sorte sei für den Kapselkäfer unüberwindbar, meldete Monsanto, denn gegen zwei Gifte werde er nie ankommen. Die neue Hybride verbreitete sich flächendeckend in ganz Indien. Heute sind über 95 Prozent(!) aller Baumwollfelder Indiens mit dieser Gentech-Baumwolle bepflanzt. Doch rasch traten die bekannten Probleme wieder auf: Der Baumwollkapselkäfer schaffte es, nach kurzer Zeit an vielen Orten Resistenzen gegen beide Giftgene aufzubauen, neue, resistente Schädlinge tauchten auf, Missernten nahmen zu, der Pestizideinsatz stieg steil an.
Keshav Raj Kranthi, einer der renommiertesten Baumwollexperten Indiens, lange Zeit Direktor des öffentlichen Central Institute for Cotton Research, war eigentlich ein Befürworter der Bt-Baumwolle, hat aber inzwischen seine Meinung geändert. Die einzige Lösung gegen diesen Teufelskreis sei ein *back to the roots,* wie er sagt: »Indiens Zukunft liegt in der einheimischen indischen Desi-Baumwolle. Sie [...] ist resistent gegen Dürre, Klimaextreme, Insekten und Krankheiten. Sie kann ohne synthetischen Dünger und ohne Pestizide wachsen.« Es brauche aber noch sehr viel Forschung, um gute Sorten zu züch-

ten. Ein weiterer Vorteil sei, dass die Bauern und Bäuerinnen mit der einheimischen Desi-Baumwolle wieder Saatgut aus der Ernte gewinnen könnten, weil diese Sorte weder patentiert noch eine Hybride sei. Koechlin F. und Battaglia D. 2018, S. 123ff.
2020 untermauerten drei renommierte Forscher, Hans Herren, Andrew Paul Gutierrez, emeritierter Professor der Universität Berkeley und CEO des Center for Analysis of Sustainable Agro-ecological Systems, und Peter E. Kenmore, lange Zeit Direktor der FAO/Plant Production and Protection Division und ehemaliger FAO-Botschafter für Indien, Kranthis Position (www.independentsciencenews.org/commentaries/the-failure-of-gmo-cotton-in-india). Sie schrieben einen offenen Brief an den indischen Regierungsthinktank NITI Aayog (National Institution for Transforming India), der genmanipulierte Bt-Baumwolle als zukunftsweisend unterstützt. Zitat aus dem Brief: »Bei fast allen Massnahmen ist die hybride, gentechnisch veränderte Bt-Baumwolle in Indien ein Misserfolg oder bestenfalls suboptimal für das Wohlergehen der Landwirte. Trotz Steigerungen sind die indischen Erträge nicht höher als in einigen der ärmsten afrikanischen Länder, die keine Hybrid- oder Bt-Baumwolle anbauen. Hybride und genmanipulierte Baumwolle wird fälschlicherweise als Beispiel für einen grossen Erfolg [...] angeführt. Die berechtigte Besorgnis über den Verlust der biologischen Vielfalt und die irreversible Kontamination einheimischer Nutzpflanzensorten und wildlebender Arten mit genmanipulierten Pflanzen wurde ignoriert. Der Schwerpunkt [in der Forschung; F. K.] lag auf der Entwicklung genmanipulierter Pflanzen, obwohl es zwar gangbare Alternativen gibt, diese aber noch weitgehend unerforscht sind« (GMWatch 2020). Gutierrez A. P. et al. 2020.
Während unseres Aufenthalts in Andhra Pradesh besuchten wir auch eine Bauernfamilie, die Natürliche Landwirtschaft betreibt und unter anderem Bt-Baumwolle anpflanzt. Am Feldrand standen Pheromonfallen, um den Baumwollkapselkäfer anzulocken und zu fangen, etwas weiter weg Repellentstreifen, um ihn zu vertreiben. Die Bt-Pflanzen seien nicht mehr resistent gegen diesen Schädling, erklärte der Bauer. Zwischen den Baumwollpflanzen wuchsen viele andere Pflanzen wie Gurken, Straucherbsen, Jowar (eine spezielle Hirse) oder Ackerbohnen. Nach der

Baumwollernte würden gleich bis fünfzehn verschiedene Pflanzenkulturen ausgesät, noch vor dem Monsun. Das ergebe Extraeinnahmen. Und was nicht als Ertrag taugt, wird als Mulch in den Boden gestampft.

160 Vijay Kumar Thallam sagt: »In der Regel säen die Bauernfamilien mehr als vier verschiedene Feldfrüchte zusammen. Sie bemühen sich, dass der Boden auch in der Trockenzeit grün bleibt. Mit einer neuen Initiative wollen wir anregen, dass die Familien fünfzehn oder mehr verschiedene Kulturen vor dem Monsun aussäen, doch dieses Projekt befindet sich erst in der Pilotphase. Wir stellten fest, dass die Bauernfamilien schnell biologische Präparate einführten, aber der Übergang zu Polykulturen wird nur sehr langsam vollzogen. Es ist eine langsame Umstellung, und wir müssen sie beschleunigen.«

161 Deepthi Vandana, unsere Dolmetscherin, sagt: »In diesem Dorf mit 184 Bauernfamilien haben schon 162 den Schritt in die Natürliche Landwirtschaft gewagt. Nächste Saison werden alle mitmachen, da bin ich überzeugt. In ganz Andhra Pradesh gibt es bereits 50 sogenannte ›Biodörfer‹, also Dörfer, in denen alle Bauern und Bäuerinnen auf Natürliche Landwirtschaft umgestiegen sind, und das innerhalb von vier Jahren.«

162 Zareen Pervez Bharucha, Sol Bermejo Mitjans und Jules Pretty schreiben: »Eine wichtige Qualifikation ist, dass jegliche Einheitlichkeit der ZBNF-›Praxis‹ fehlt, entweder im Allgemeinen oder innerhalb der strukturierten Aufnahme des von RySS entworfenen Pakets durch die Landwirte von Andhra Pradesh. [...] Die Methoden können sich auch von Jahr zu Jahr ändern, abhängig von externen Faktoren (Wetter und Preise) oder von den Erfordernissen auf der Ebene der Betriebe und Haushalte« (Bharucha Z. P. et al. 2020).

163 Zareen Pervez Bharucha, Sol Bermejo Mitjans und Jules Pretty schreiben: »Gemäss Untersuchungen des RySS beherbergen ZBNF-Felder durchschnittlich 232 Regenwürmer pro Quadratmeter, Nicht-ZBNF-Felder hingegen bloss 32« (Bharucha Z. P. et al. 2020, S. 12).

164 S. auch Koechlin F. 2005, S. 7ff.; Koechlin F. 2016, S. 155ff.

165 Vijay Kumar Thallam schreibt ein knappes Jahr nach unserem Besuch: »Wir nennen das Programm neu ›Andhra Pradesh Community Managed Natural Farming‹ [gemeinschaftlich

bewirtschaftete Natürliche Landwirtschaft]. Wir wollen damit betonen, dass wir offen sind für verschiedene agrarökologische Praktiken, vor allem für Innovationen von Bauern und Bäuerinnen selbst. Wir wollen das Programm nicht nur auf ZBNF einschränken.«

166 Vetri hatte nach einem MBA-Abschluss in Pondicherry vier Jahre lang als Feldmanager eine 400 Hektar grosse Bananenplantage in Laos organisiert, bis er dieser Umweltzerstörung nicht mehr zuschauen konnte. Nun setzt er sich mit seinen Mitarbeitern für »Zero Budget 5-layer farming models« (Zero-Budget-fünf-Schichten-Modellfarmen) ein.

167 Grosse Unterstützung erhalten sie vom Schweizer Roland Frutig, der ihnen beratend und finanziell zur Seite steht und mit ihnen gemeinsam verschiedene Trainingszentren für Agroforstsysteme auch in Afrika (Nigeria, Malawi) aufbaut.

168 Palmyra- und Kokospalmen, Moringabäume, Mango-, Papaya- und Guavenbäume, Granatapfel-, Sesbania-, Cashew- und Maulbeerbäume, Bananenbäume und viele mehr. Speziell die Bananenbäume sind sehr wichtig: Bananenbäume produzieren mehr Biomasse als irgendein anderer Baum, das ergibt wertvollen Mulch. In ihren riesigen Blättern sammeln sie den Morgentau, pro Blatt fliesst bis ein Deziliter Wasser jeden Tag auf den Grund. Auch ziehen Bananenbäume insektenfressende Spinnen an. Und auf dem Markt ergeben Bananen einen guten Preis; die Bananen seiner 300 Bäume erbringen jährlich rund 1800 Dollar.

169 Zwischen und unter den Bäumen wächst eine Unzahl an Blumen, Gemüsen und Kräutern, etwa Sonnenblumen oder Taubenerbsen, Mungobohnen und überall Straucherbsen. Diese bringen nicht nur Stickstoff in den Boden, sondern pumpen mit ihren tiefen Wurzeln auch Wasser an die Oberfläche. Die Linsenbohnen wurden schon geerntet. Mais, Weizen, Hirse entdecken wir, auch Zuckerrohr, Kurkuma, Ingwer, Rettiche, Chili und viele andere. Pfefferpflanzen klettern die Kokosstämme hoch.

170 Zu *Jeevamrutham* s. S. 153.

171 Zum Vergleich: Im Durchschnitt bezahlt ein Bauer 3000 Dollar pro Hektar und Jahr für Kunstdünger und Pestizide.

172 Ramakumar R. und Arjun S. V. 2019.

173 S. auch Herren H. R. 2016; Cerutti H. 2011.

174 S. auch Koechlin F. 2007, S. 25ff.

175 Von diesen Duftstoffen werden zudem Schlupfwespen angelockt, die ihre Eier in die Raupen der Stängelbohrer legen und diese parasitieren. Schlüpfen die Wespenlarven, bedeutet das den Tod der Schädlinge.

176 Der Lockduft des Napiergrases besteht aus (E)-2-Hexenal, (Z)-3-Hexen-1-ol und (Z)-3-Hexen-1-yl-Azetat. Die Motte legt ihre Eier auf die Grashalme. Frisch geschlüpft, bleiben sie am klebrigen Pflanzensaft der Grashalme haften und entwickeln sich nicht weiter (Biovision Newsletter, August 2019).

177 Biovision – Stiftung für ökologische Entwicklung fördert seit 1998 die Entwicklung, Verbreitung und Anwendung nachhaltiger ökologischer landwirtschaftlicher Methoden, mit denen Menschen in Entwicklungsregionen sich selber helfen können. Dabei spielt der ganzheitliche Ansatz eine zentrale Rolle: Gesunde Menschen, Tiere, Pflanzen und eine intakte Umwelt sind Ziel in allen Projekten. www.biovision.ch.

178 Zum Beispiel *Brachiaria,* ein einheimisches Gras.

179 Stefan Diener von Biovision schreibt: »Im Boden verbreitet die Pflanze [Desmodium] über ihre Wurzeln Botenstoffe aus den Gruppen der Flavanoide und Isoflavanoide. Diese stimulieren einerseits die Strigasamen zur Keimung und bewirken anderseits, dass die Strigawurzeln ihre Fähigkeit verlieren, sich parasitär an die Maiswurzel anzuhängen. Den falschen Versprechungen des Desmodiums erlegen, fehlt den Strigakeimlingen die Nahrungsgrundlage. Der Schädling verkümmert und geht ein« (Diener S. 2019, S. 5).

180 *Agrarökologie*

Biovision und IPES-Food (International Panel of Experts on Sustainable Food Systems) schreiben: »Die Agrarökologie setzt auf das natürliche Zusammenspiel von Pflanzen und Tieren anstatt synthetischer Chemikalien in der Schädlingsbekämpfung und fördert so die Regeneration von Böden und das Schliessen von Nährstoffkreisläufen. Sie erhöht die Vielfalt auf dem Feld und erhöht den Zugang zu frischer und ausgewogener Nahrung und erhält ausserdem lokale Ernährungskultur am Leben. Weiter verbessert die Agrarökologie die Lebensgrundlagen der Landwirte durch vielfältige Einkommensquellen, verbesserte

Resilienz und lokale Wertschöpfungsketten. Kurz gesagt, hat die Agrarökologie das Potential, die ökonomischen, ökologischen und sozialen Dimensionen der Nachhaltigkeit miteinander in Einklang zu bringen.

Weltweit engagieren sich landwirtschaftliche Betriebe, Kleinbauernfamilien, Gemeinschaften und Regionen für den agrarökologischen Wandel. Dabei liefern sie beachtliche Ergebnisse. Weltweit richten rund 30% der landwirtschaftlichen Betriebe ihre Produktionssysteme an agrarökologischen Prinzipien aus. Um diese positive Entwicklung weiterzuführen und zu beschleunigen, ist es notwendig, verstärkt agrarökologische Methoden zu erforschen und das gewonnene Wissen zu verbreiten« (Biovision und IPES-Food (Hgg.) 2020, S. 3).

181 Die Landwirtschaft ist kein Thema für sich, sondern hängt mit dem ganzen System zusammen, wie Hans Herren immer wieder betont.

2019 veröffentlichte die Lancet Commission on Obesity – ein Joint Venture des renommierten wissenschaftlichen Fachjournals *The Lancet,* von World Obesity, der Universität Auckland und der George-Washington-Universität, Washington, D. C. – den Bericht *The Global Syndemic of Obesity, Undernutrition, and Climate Change* (»Die globale Syndemie von Übergewicht, Unterernährung und Klimawandel«). Darin zeigen die Autorinnen und Autoren, wie Übergewicht, Unterernährung und Klimawandel zutiefst voneinander abhängen, sich gegenseitig beeinflussen und verstärken. Und dass viele der zugrundeliegenden Ursachen direkt auf die Landwirtschaft zurückzuführen sind.

Boyd Swinburn, Koautor dieser Studie, schreibt: »Die Covid-19-Pandemie 2019/20 spornte Regierungen und internationale Organisationen dazu an, auf der Grundlage von Vorsorge- und Präventivmassnahmen einen koordinierten Lockdown von Städten und Menschenbewegungen durchzuführen. Die Welt kann also gemeinsam drastische Massnahmen ergreifen, wenn die Bedrohung akut und das Angstniveau hoch ist. Die Krise des Ernährungssystems verläuft langsamer (eher Jahrzehnte als Monate), und das Angstniveau ist relativ niedrig. Und dies trotz des unaufhaltsamen Anstiegs von Fettleibigkeit in allen Ländern, trotz der unzureichenden Fortschritte beim Abbau von Unterernährung in vielen afrikanischen und südostasiatischen

Ländern und trotz der existentiellen Bedrohungen durch Klimawandel und Umweltschäden, die unsere Ernährungssysteme mit vorantreiben« (Swinburn B. 2020, S. 131). Die Verbindungen und Abhängigkeiten zwischen diesen Problemen, das Verständnis für die Gemeinsamkeiten ihrer Triebkräfte und die Suche nach Aktionen, die diese Ursachen gemeinsam angehen, würden die Aufgabe der Zukunft sein. Boyd Swinburn ist Professor für Ernährung der Bevölkerung und globale Gesundheit an der Universität Auckland.

182 Mit der Agenda 2030 formuliert die UNO siebzehn Ziele für eine nachhaltige Entwicklung. Sie bilden den gemeinsamen Referenzrahmen aller Länder, im Süden wie im Norden, für ihre Bemühungen, die grossen Herausforderungen unserer Zeit zu lösen. Die Agenda 2030 zeichnet sich dadurch aus, dass sie alle Länder in die Pflicht nimmt und besonders benachteiligte Menschen erreichen will (»leave no one behind«). Die siebzehn Ziele (wie z. B. kein Hunger mehr, gute Gesundheit für alle oder Klimaschutz) sind vielfach miteinander vernetzt und müssen als Ganzes betrachtet und umgesetzt werden. Als Referenzrahmen dienen die siebzehn Ziele ferner dazu, den Begriff Nachhaltigkeit mit konkreten Inhalten zu füllen.

183 *Wie wird Agrarökologie von der internationalen Entwicklungshilfe unterstützt?*

Biovision und IPES-Food schreiben: »In den letzten zehn Jahren stagnierte die Summe der Entwicklungshilfe in agrarökologische Forschung, Bildung und Verbreitung: 2017 betrug der Anteil dafür nur 14% der landwirtschaftlichen Unterstützung für Subsahara-Afrika. Die Landschaft der Akteure im Bereich landwirtschaftliche Entwicklungszusammenarbeit wird zunehmend komplexer, und die Prioritäten der Geberorganisationen weichen stark voneinander ab. Neben Regierungen und internationalen Organisationen spielen gemeinnützige Organisationen eine immer wichtigere Rolle. Auch öffentlich-private Partnerschaften (ÖPPs) nehmen zu, und häufig sind NGOs an der Umsetzung von Projekten beteiligt.

Nur wenige Geberorganisationen – darunter Frankreich, die Schweiz, Deutschland, FAO (Ernährungs- und Landwirtschaftsorganisation der Vereinten Nationen) und IFAD (Internationaler Fonds für landwirtschaftliche Entwicklung) – anerkennen

die Agrarökologie ausdrücklich als wichtigen Ansatz für die Gestaltung nachhaltiger Ernährungssysteme. Jüngste Studien zeigen, dass nur ein Bruchteil der britischen und belgischen Entwicklungshilfen und ein verschwindend geringer Anteil der US-amerikanischen Agrarforschungsfördermittel in die Agrarökologie fliessen. [...]
85% der von der Gates Foundation unterstützten Projekte [...] beschränkten sich ausschliesslich auf die industrielle Landwirtschaft und/oder auf deren Effizienzsteigerung durch gezielte Ansätze. [...]
Im Gegensatz dazu wiesen 51% der durch die Schweiz finanzierten AgR4D-Projekte [Agricultural Research for Development] agrarökologische Elemente auf. Die Mehrheit davon (41% aller Projekte) beinhaltete auch Aspekte sozioökonomischer und politischer Veränderungen, wie zum Beispiel angemessene Arbeitsbedingungen und Gleichstellung der Geschlechter. Nur 13% der durch die Schweiz geförderten Projekte konzentrierten sich ausschliesslich auf die industrielle Landwirtschaft und effizienzbasierte Ansätze« (Biovision und IPES-Food [Hgg.] 2020, S. 3f.).

184 Herren H. R., Haerlin B. und IAASTD+10 Advisory Group (Hgg.) 2020, S. 89f.

185 Zukunftsstiftung Landwirtschaft (ZSL): Die ZSL setzt sich für die Förderung ökologischer und agrarökologischer Innovationen und Forschung ein, darunter die Züchtungsforschung zu neuen Sorten für den ökologischen Landbau. Ihr Kampagnenbüro in Berlin befasst sich mit der Agrogentechnik und Biodiversität, der nationalen, europäischen und globalen Ernährungs- und Agrarpolitik und betreibt einen pädagogischen »Weltacker« mit den fünfundvierzig wichtigsten Kulturpflanzen der Erde. Seit 2009 präsentiert es auf den Websites weltagrarbericht.de und globalagriculture.org den Weltagrarbericht, seine Kernbotschaften und Folgeberichte. www.zukunftsstiftung-landwirtschaft.de.

186 Der Weltagrarbericht ist die bisher umfassendste Bewertung heutiger Landwirtschaftssysteme. Sein Fazit: Hunger und Armut können nur auf lokaler Ebene nachhaltig bekämpft werden. Die von Kleinbauernfamilien in wenig günstigen Anbaulagen erzielbare Ertragssteigerung übertrifft die Möglichkeiten der

industriellen Landwirtschaft um ein Vielfaches. Das erfordert eine Umkehr in der Agrarpolitik und -forschung hin zu einer multifunktionalen Landwirtschaft, die den Erhalt und die Erneuerung der natürlichen Ressourcen und der Artenvielfalt in den Mittelpunkt stellt. Dieses Ziel kann nur in enger Zusammenarbeit mit Kleinbäuerinnen und Kleinbauern erreicht werden.
In der Effizienzanalyse der Experten schnitten praktische Massnahmen erheblich besser ab als Hightechforschung und globale Märkte. So sollen Bildungs- und Kreditmöglichkeiten für Frauen systematisch verbessert, lokale Märkte erschlossen, angepasste und bewährte Techniken verbreitet und das traditionelle Wissen in die Forschung mit einbezogen werden.
Im Bericht wird Gentechnik nicht ausgeschlossen, doch wird ihr Beitrag für die drängenden Probleme der Landwirtschaft als gering eingeschätzt. Patente auf genmanipuliertes Saatgut würden die lokale Züchtung behindern und den Austausch und Verkauf von Saatgut erschweren. Zudem könnten auf die Bauern Haftungsklagen wegen unbeabsichtigter Kontaminationen zukommen. Achtundfünfzig Regierungen unterschrieben den Weltagrarbericht, der von der Weltbank, sechs UNO-Organisationen und acht Staaten initiiert worden war, im April 2008 in Johannesburg. McIntyre B. D. et al. 2009. Abrufbar unter: www.weltagrarbericht.de/original-berichte.html.

187 Herren H. R., Haerlin B. und IAASTD+10 Advisory Group (Hgg.) 2020.

188 croplife.org/news/what-is-agroecology.

189 Ein wegweisendes Konzept zur Bemessung zentraler, globaler Stoffkreisläufe und zu deren absoluten, physikalischen Grenzen: Rockström J. et al. 2009.

190 Pat Mooney schreibt: »In den letzten Jahren haben wir entlang der gesamten Nahrungsmittelkette beispiellose Fusionen und Übernahmen erlebt – Übernahmen, die wir vor 10 Jahren nicht für möglich gehalten hätten. Es geht nicht nur darum, dass aus den sechs Gentech-Riesen vier geworden sind [...], die wirkliche Sorge ist, dass die neuen Technologieplattformen – Big Data und KI [künstliche Intelligenz] – bedeuten, dass die Nummer eins unter den Landmaschinenherstellern weltweit, John Deere, einen grossen Schritt im Saatgut- und Pestizidsektor

machen könnte oder dass Alphabet (Holding von Google) oder Amazon (das bereits Whole Foods und eine wachsende Anzahl von Ladengeschäften besitzt) in die Cloudsteuerung landwirtschaftlicher Produktionsmittel oder sogar in die Lebensmittelverarbeitung einsteigen könnten. Letztendlich könnten es die landwirtschaftlichen Versicherungsgesellschaften sein, die die Kontrolle übernehmen« (Mooney P. 2020, S. 38). Der Kanadier Pat Mooney ist Mitbegründer der ETC-Gruppe, deren Fokus pflanzengenetische Ressourcen, Biodiversität in der Landwirtschaft und Agrogentechnik ist. Er erhielt 1985 den Alternativen Nobelpreis und hat zahlreiche Bücher veröffentlicht.

191 Koechlin F. und Battaglia D. 2018, S. 153ff.

192 Herren H. R., Haerlin B. und IAASTD+10 Advisory Group (Hgg.) 2020.

193 S. auch Ritter M. und Salathé T. 2020.

194 Spatzen sind auch Charaktertiere. Das beschreibt zum Beispiel die englische Vogelliebhaberin Clare Kipps in ihrem reizenden Buch *Clarence der Wunderspatz* (englisch: *Sold for a Farthing*). Über ihren bei sich aufgezogenen Spatzen Clarence schreibt sie: »Sein Charakter war – abgesehen von seinem wilden Temperament und der Eifersucht – ohne Makel. [...] Wie alle Spatzen war er ein Opportunist [...]. Er war weder listig noch voller Trug, und er kannte weder das Zaudern des Kanarienvogels noch die feierliche Bedächtigkeit des Sittichs. Impulsiv, fröhlich und eifrig war er, wusste genau, was er tun wollte, und liess sich nicht leicht von seinem Vorhaben abbringen. [...] Seine Anhänglichkeit und Treue zu mir stand nie ernstlich in Frage« (Kipps C. 1956, S. 90f.).
Spatzen haben verschiedene »Persönlichkeiten«: Es gibt solche, die in einem Käfig ruhig sitzen bleiben, andere versuchen zu fliehen. Es gibt aktive »Anführer« und solche, die das Feld lieber anderen überlassen. Es gibt ängstliche, neugierige, mutige Spatzen. Das hat Auswirkungen auf die ganze WG: In Gruppen mit sehr unterschiedlichen Charakteren sind die Vögel gesünder als in Gruppen mit ähnlichen Persönlichkeiten. Sie scheinen weniger Stress zu haben. Vágási C. I. et al. 2021.

195 Derryberry E. P. et al. 2020.

196 Isabell Riedl schreibt: »›Neo-nicotin-oide‹ sind synthetische Nikotinverbindungen, die als Nervengift wirken. Es handelt

sich dabei um Pestizide mit ›systemischer Wirkung‹, das heisst, dass die Wirkstoffe, mit denen beispielsweise Saatgut vor der Ausbringung behandelt wird (= beizen), nicht auf dem Saatgut verbleiben. Aufgrund der guten Wasserlöslichkeit von Neonicotinoiden werden sie in der Pflanze weitertransportiert und verteilen sich in allen Pflanzenteilen, so auch dem Pollen und Nektar. Dies ist auch beabsichtigt, denn so sterben alle Schädlinge, die Pflanzenteile fressen, sei es die Wurzel oder das Blatt. [...]
Die Aufnahme von ein bis zwei mit Neonicotinoiden behandelten Samen kann für kleine Vogelarten bereits tödlich enden. [...]
Die Europäische Kommission schränkte im Jahr 2013 den Einsatz von drei Neonicotinoiden ein. Diese Beschränkung betrifft Clothianidin, Thiamethoxam und Imidacloprid. Fünf weitere Neonicotinoide sind jedoch weiterhin im Pflanzenschutz zugelassen« (Riedl I. 2020).

197 Durchschnittlich lagen die Werte bei 1,7 bis 9,2 ppb Neonicotinoide pro Gramm Federn. In einigen Proben wurden jedoch sehr hohe Konzentrationen gemessen, bis zu 140 ppb Neonicotinoide pro Gramm Federn, was gesundheitsschädigend sein kann. Humann-Guilleminot S. et al. 2019.
Andere Studien haben bereits gezeigt, dass Neonicotinoide bei Vögeln zu schwerwiegenden neurologischen Schäden führen können. Beispiel: Ein Team um Christy Morrissey von der Universität von Saskatchewan in Saskatoon untersuchte die Auswirkung des Neonicotinoids Imidacloprid auf die Dachsammer (*Zonotrichia leucophrys,* auch Amerikanischer Spatz genannt), einen Zugvogel. Die Dachsammern wurden mit Maiskörnern, die mit Imidacloprid behandelt worden waren, gefüttert. Bereits nach wenigen Stunden frassen die Vögel weniger, sie verloren Gewicht und brachen von ihrem Rastgebiet später auf. Das kann für diese Vögel lebensbedrohend sein. Eng M. L. et al. 2019.
S. auch Lopez-Antia A. et al. 2015.

198 Eine globale Übersicht zu Pestiziden: Boedeker W. et al. 2020.

199 Im Boden sind Pestizide allgegenwärtig, sie werden kaum abgebaut und schädigen Mykorrhizapilze.
Ein Team um Marcel G. A. van der Heijden vom Kompetenzzentrum für landwirtschaftliche Forschung Agroscope suchte

in hundert landwirtschaftlich genutzten Bodenproben in der Schweiz nach synthetischen Pestizidrückständen. Sie wurden überall fündig, sogar in Böden, die seit zwanzig Jahren biologisch, das heisst ohne synthetische Pestizide, bearbeitet wurden. Viele Pestizide werden extrem langsam abgebaut. Konventionell bewirtschaftete Böden enthielten rund neunmal höhere Pestizidkonzentrationen als biologisch bewirtschaftete Böden. Das Team wies auch nach, dass Mykorrhizapilze durch Pestizide signifikant geschädigt werden. Sie schreiben: »Dies deutet darauf hin, dass Pestizidrückstände, neben abiotischen Faktoren wie dem pH-Wert, Schlüsselfaktoren für das mikrobielle Bodenleben in Agrarökosystemen sind« (Riedo J. et al. 2021).

BÜCHER ZUM THEMA

Koechlin F. (2005). Zellgeflüster. Streifzüge durch wissenschaftliches Neuland. Basel: Lenos.

Koechlin F. (2008). PflanzenPalaver. Belauschte Geheimnisse der botanischen Welt. Basel: Lenos.

Koechlin F., Ammann D., Gelinsky E., Haerlin B., Ott M., Sitter-Liver B., Stumpf W., Wagner E. und Zschunke A. (2008). Pflanzen neu entdecken: Rheinauer Thesen zu Rechten von Pflanzen. www.blauen-institut.ch/s2_blue/tx_blu/tp/tpt/t_rheinau.pdf.

Koechlin F. und Battaglia D. (2012). Mozart und die List der Hirse. Natur neu denken. Basel: Lenos.

Koechlin F. (Hg.) (2014). Jenseits der Blattränder. Eine Annäherung an Pflanzen. Basel: Lenos.

Koechlin F. (2015). Plant whispers. A journey through new realms of science [E-Book]. Basel: Lenos.

Koechlin F. (2016). Schwatzhafte Tomate, wehrhafter Tabak. Pflanzen neu entdeckt. Basel: Lenos.

Koechlin F. und Battaglia D. (2018). Was Erbsen hören und wofür Kühe um die Wette laufen. Verblüffendes aus der Pflanzen- und Tierwelt. Basel: Lenos.

AgrarBündnis e.V. (Hg.) (2020). Der kritische Agrarbericht 2020. Schwerpunkt: Stadt, Land – im Fluss. Hamm: ABL.

Baluška F., Gagliano M. und Witzany G. (Hgg.) (2018). Memory and learning in plants. Cham: Springer.

Blanc P. (2005). Le bonheur d'être plante. Paris: M. Sell.

Blande J. D. und Glinwood R. (Hgg.) (2016). Deciphering Chemical language of plant communication. Cham: Springer.

Bose J. C. (1918). Life movements in plants. Calcutta.

Brandstetter J. und Reichholf J. H. (2016). Symbiosen. Das erstaunliche Miteinander in der Natur. Berlin: Matthes & Seitz.

Buchmann S. L. und Nabhan G. P. (1996). The forgotten pollinators. Washington, D. C.: Island Press / Shearwater Books.

Cerutti H. (2011). Wie Hans Rudolf Herren 20 Millionen Menschen rettete. Die ökologische Erfolgsstory eines Schweizers. Zürich: Orell Füssli.

Chamovitz D. (2012). Was Pflanzen wissen. Wie sie sehen, riechen und sich erinnern. München: Hanser.

Coccia E. (2018). Die Wurzeln der Welt. Eine Philosophie der Pflanzen. Aus dem Französischen von Elsbeth Ranke. München: Hanser.

Couplan F. (2020). Ce que les plantes ont à nous dire. Paris: LLL, Les liens qui libèrent.

Dyttrich B. und Hösli G. (2015). Gemeinsam auf dem Acker. Solidarische Landwirtschaft in der Schweiz. Zürich: Rotpunktverlag.

Farmer E. E. (2014). Leaf defence. Oxford: Oxford University Press.

Fleischatlas 2021. Daten und Fakten über Tiere als Nahrungsmittel (2021). Berlin: Heinrich-Böll-Stiftung / Bund für Umwelt und Naturschutz Deutschland / Le Monde diplomatique.

Forster M. und Schümann C. (Hgg.) (2020). Das Gift und wir. Wie der Tod über die Äcker kam und wie wir das Leben zurückbringen können. Frankfurt am Main: Westend.

Foster C. (2016). Being a beast. London: Profile Books.

Fox Keller E. (2000). The century of the gene. Cambridge, Mass.: Harvard University Press.

Fox Keller E. (2002). Making sense of life. Explaining biological development with models, metaphors, and machines. Cambridge, Mass.: Harvard University Press.

Fuchs N. (2014). Evolutive Agrarkultur. Landwirtschaft nach dem Bildeprinzip des Menschen. Eine Skizze. Darmstadt: Lebendige Erde.

Gagliano M. (2018). Thus spoke the plant. A remarkable journey of groundbreaking scientific discoveries and personal encounters with plants. Berkeley, Calif.: North Atlantic Books.

Gagliano M., Ryan J. C. und Vieira P. (Hgg.) (2017). The language of plants. Science, philosophy, literature. Minneapolis: University of Minnesota Press.

Gazzarin C. (2018). Schafgeschichte & Lammgerichte. Hinterforst: Spriessbürger.

Gissis S. B. und Jablonka E. (Hgg.) (2011). Transformations of Lamarckism. From subtle fluids to molecular biology. Cambridge, Mass.: MIT Press.

Gloor P. A. (2006). Swarm creativity. Competitive advantage through collaborative innovation networks. Oxford, New York: Oxford University Press.

Gloor P. A. (2017). Swarm leadership and the collective mind. Using collaborative innovation networks to build a better business. Bingley: Emerald Publishing.

Hall M. (2011). Plants as persons. A philosophical botany. Albany: State University of New York Press.

Hallé F. (2018). Atlas of poetic botany. Cambridge, Mass.: MIT Press.

Haskell D. G. (2017). Der Gesang der Bäume. Die verborgenen Netzwerke der Natur. Aus dem Englischen von Christine Ammann. München: Kunstmann.

Herren H. R. (2016). So ernähren wir die Welt. Zürich: rüffer & rub.

Herren H. R., Haerlin B. und IAASTD+10 Advisory Group (Hgg.) (2020). Transformation of our food systems. The making of a paradigm shift. Bochum/Zürich: Zukunftsstiftung Landwirtschaft / Biovision.

Idel A. (2010). Die Kuh ist kein Klima-Killer! Wie die Agrarindustrie die Erde verwüstet und was wir dagegen tun können. Marburg: Metropolis.

Ingensiep H. W. (2001). Geschichte der Pflanzenseele. Philosophische und biologische Entwürfe von der Antike bis zur Gegenwart. Stuttgart: Kröner.

Jablonka E. und Lamb M. J. (2005). Evolution in four dimensions. Genetic, epigenetic, behavioral, and symbolic variation in the history of life. Cambridge, Mass.: MIT Press.

Kang H. (2016). Die Vegetarierin. Roman. Aus dem Koreanischen von Ki-Hyang Lee. Berlin: Aufbau.

Karban R. (2015). Plant sensing & communication. Chicago/London: The University of Chicago Press.

Kauffman S. A. (2008). Reinventing the sacred. A new view of science, reason and religion. New York: Basic Books.

Lindner I. (Hg.) (2014). gehen blühen fliessen. Naturverhältnisse in der Kunst. Nürnberg: Verlag für moderne Kunst.

Loriol C. (2019). Damit wir auch in Zukunft eine Zukunft haben. Ernst Frischknecht – der Bio-Pionier. Zürich: Elfundzehn.

Maeder M. (Hg.) (2017). Kunst Wissenschaft Natur. Zur Ästhetik und Epistemologie der künstlerisch-wissenschaftlichen Naturbeobachtung (Edition Kulturwissenschaft, Band 119). Bielefeld: transcript.

Mancuso S. und Viola A. (2015). Die Intelligenz der Pflanzen. Aus dem Italienischen von Christine Ammann. München: Kunstmann.

Marder M. (2013). Plant-thinking. A philosophy of vegetal life. New York: Columbia University Press.

McIntyre B. D., Herren H. R., Wakhungu J. und Watson R. T. (2009). International Assessment of Agricultural Knowledge, Science and Technology for Development (IAASTD). Synthesis report. A synthesis of the global and sub-global IAASTD reports (Agriculture at a crossroads). Washington, D. C.: Island Press. – S. auch Zusammenfassung: Beck A., Haerlin B. und Richter L. (2016). Agriculture at a Crossroads. IAASTD findings and recommendations for future farming. Berlin: Zukunftsstiftung Landwirtschaft.

Montgomery D. R. (2017). Growing a revolution. Bringing our soil back to life. New York: W. W. Norton & Company.

Ott M., Capaul A., Spengler Neff A., Butscher C. und Wilhelm E.-M. (2018). Von der Würde der Kuh. Aufsätze und Gespräche. Lenzburg: FONA.

Pouliot A. (2018). The allure of fungi. Clayton, Vic.: CSIRO Publishing.

Powers R. (2018). Die Wurzeln des Lebens. Roman. Aus dem Amerikanischen von Manfred Allié und Gabriele Kempf-Allié. Frankfurt am Main: S. Fischer.

Provenza F. (2018). Nourishment. What animals can teach us about rediscovering our nutritional wisdom. White River Junction, Vt.: Chelsea Green Publishing.

Prum R. O. (2017). The evolution of beauty. How Darwin's forgotten theory of mate choice shapes the animal world – and us. New York: Doubleday.

Ritter M. und Salathé T. (2020). Der Reiz der Vögel seit 1870. Berlin: Martin Schmitz.

Safina C. (2015). Beyond words. What animals think and feel. New York: Henry Holt and Company.

de Schaetzen S. (2020). Ökologische Landwirtschaft und die UN-Ziele für nachhaltige Entwicklung. Bio ist Teil der Lösung. Mit Zusatzkapitel für die deutsche Ausgabe: von Koerber K. und Cartsburg M. Potenziale der »Grundsätze für eine Nachhaltige Ernährung« zur Unterstützung der SDGs. Waddinxveen: Nature & More.

Sheldrake M. (2020). Verwobenes Leben. Wie Pilze unsere Welt formen und unsere Zukunft beeinflussen. Aus dem Englischen von Sebastian Vogel. Berlin: Ullstein.

Smaje C. (2020). A small farm future. Making the case for a society built around local economies, self-provisioning, agricultural diversity and a shared earth. White River Junction, Vt.: Chelsea Green Publishing.

Stolze M., Weisshaidinger R., Bartel A., Schwank O., Müller A. und Biedermann R. (2019). Chancen der Landwirtschaft in den Alpenländern. Wege zu einer raufutterbasierten Milch- und Fleischproduktion in Österreich und der Schweiz. Bern: Haupt.

Trewavas A. (2014). Plant behaviour and intelligence. Oxford: Oxford University Press.

von Weizsäcker E. U. und Wijkman A. (2018). Come on! Capitalism, short-termism, population and the destruction of the planet. A report to the Club of Rome. New York: Springer.

Wohlleben P. (2017). Das geheime Netzwerk der Natur. Wie Bäume Wolken machen und Regenwürmer Wildschweine steuern. München: Ludwig.

Wulf A. (2016). Alexander von Humboldt und die Erfindung der Natur. Aus dem Englischen von Hainer Kober. München: C. Bertelsmann.

Zürcher E. (2016). Die Bäume und das Unsichtbare. Erstaunliche Erkenntnisse aus der Forschung. Aus dem Französischen von Silke Huber. Aarau/München: AT.

REFERENZEN

Agrawal A. A. (1998). Leaf damage and associated cues induce aggressive ant recruitment in a neotropical ant-plant. Ecology, 79, S. 2100–2112.

Akula R. und Mukherjee S. (2020). New insights on neurotransmitters signaling mechanisms in plants. Plant Signaling & Behavior, 15, 6, DOI: 10.1080/15592324.2020.1737450.

Aulakh J. S., Chahal P. S., Kumar V. et al. (2021). Multiple herbicide-resistant Palmer amaranth *(Amaranthus palmeri)* in Connecticut: confirmation and response to POST herbicides. Weed Technology, First View, S. 1–7, DOI: 10.1017/wet.2021.6.

Baier S. R., Nguyen C., Xie F. et al. (2014). MicroRNAs are absorbed in biologically meaningful amounts from nutritionally relevant doses of cow milk and affect gene expression in peripheral blood mononuclear cells, HEK-293 kidney cell cultures, and mouse livers. The Journal of Nutrition, 144, 10, S. 1495–1500.

Balao F., Paun O. und Alonso C. (2018). Uncovering the contribution of epigenetics to plant phenotypic variation in Mediterranean ecosystems. plant biology, 20, S1, S. 38–49.

Baluška F., Gagliano M. und Witzany G. (Hgg.) (2018). Memory and learning in plants. Cham: Springer.

Banerjee S., Walder F., Büchi L. et al. (2019). Agricultural intensification reduces microbial network complexity and the abundance of keystone taxa in roots. The ISME Journal, 13, S. 1722–1736.

Baracchi D., Marples A., Jenkins A. J. et al. (2017). Nicotine in floral nectar pharmacologically influences bumblebee learning of floral features. Scientific Reports, 7, 1951, DOI: 10.1038/s41598-017-01980-1.

Benmoussa A. und Provost P. (2019). Milk microRNAs in health and disease. Comprehensive Reviews in Food Science and Food Safety, 18, 3, S. 703–722.

Bharucha Z. P., Bermejo Mitjans S. und Pretty J. (2020). Towards redesign at scale through zero budget natural farming in Andhra Pradesh, India. International Journal of Agricultural Sustainability, 18, 1, S. 1–20.

Biovision und IPES-Food (Hgg.) (2020). Finanzflüsse: Was hält Investitionen in agrarökologische Forschung für Afrika zurück? Zürich/Brüssel: Biovision/IPES-Food.

Biswas S., Tian J., Li R. et al. (2020). Investigation of CRISPR/Cas9-induced SD1 rice mutants highlights the importance of molecular characterization in plant molecular breeding. Journal of Genetics and Genomics, 47, 5, S. 273–280.

Black D. L. (1998). Splicing in the inner ear: a familiar tune, but what are the instruments? Neuron, 20, 2, S. 165–168.

Boedeker W., Watts M., Clausing P. und Marquez E. (2020). The global distribution of acute unintentional pesticide poisoning: estimations based on a systematic review. BMC Public Health, 20, 1875, DOI: 10.1186/s12889-020-09939-0.

Bommelaer O. und Devaux J. (2011). Coûts des principales pollutions agricoles de l'eau (Etudes & documents, 52). La Défense: Commissariat général au développement durable.

Borer E. T., Seabloom E. W., Gruner D. S. et al. (2014). Herbivores and nutrients control grassland plant diversity via light limitation. Nature, 508, S. 517–520.

Brandstetter J. und Reichholf J. H. (2016). Symbiosen. Das erstaunliche Miteinander in der Natur. Berlin: Matthes & Seitz.

Bude S. (2019). Die Bedeutung der Blütenbestäuber. Biene Mensch Natur, 36, S. 16f.

Bühlmann T., Caprez R., Hiltbrunner E. et al. (2017). Nitrogen fixation by *Alnus* species boosts soil nitrous oxide emissions. European Journal of Soil Science, 68, 5, S. 740–748.

Bühlmann T., Hiltbrunner E. und Körner C. (2014). *Alnus viridis* expansion contributes to excess reactive nitrogen release, reduces biodiversity and constrains forest succession in the Alps. Alpine Botany, 124, S. 187–191.

Campbell K. (2020). The doubts about dietary RNA. Nature, 582, S. 10f.

Cerutti H. (2011). Wie Hans Rudolf Herren 20 Millionen Menschen rettete. Die ökologische Erfolgsstory eines Schweizers. Zürich: Orell Füssli.

Cook B., Haverkamp A., Hansson B. S. et al. (2020). Pollination in the anthropocene: a moth can learn ozone-altered floral blends. Journal of Chemical Ecology, 46, S. 987–996.

Cowen A. S., Keltner D., Schroff F. et al. (2021). Sixteen facial expressions occur in similar contexts worldwide. Nature, 589, S. 251–257.

Dawkins R. (1996). Und es entsprang ein Fluss in Eden. Das Uhrwerk der Evolution. Aus dem Englischen von Sebastian Vogel. München: C. Bertelsmann.

Debelle Y. (2018). Als die Zoos noch Menschen ausstellten. Beobachter, 25, S. 48–53.

Derryberry E. P., Phillips J. N., Derryberry G. E. et al. (2020). Singing in a silent spring: Birds respond to a half-century soundscape reversion during the COVID-19 shutdown. Science, 370, 6516, S. 575–579.

Diener S. (2019). Push-Pull: Tödliche Verlockung für Parasiten und Schädlinge. In: Biovision Newsletter, August 2019, S. 4f.

Dressel H. (Hg.) (2019). Gene Drives. A report on their science, applications, social aspects, ethics and regulations. Bern: Critical Scientists Switzerland (CSS).

Eng M. L., Stutchbury B. J. M. und Morrissey C. A. (2019). A neonicotinoid insecticide reduces fueling and delays migration in songbirds. Science, 365, 6458, S. 1177–1180.

Frongia F., Forti L. und Arru L. (2020) Sound perception and its effects in plants and algae. Plant Signaling & Behavior, 15, 12, 1828674, DOI: 10.1080/15592324.2020.1828674.

Fuentes J. D., Chamecki M., Roulston T. et al. (2016). Air pollutants degrade floral scents and increase insect foraging times. Atmospheric Environment, 141, S. 361–374.

Gagliano M., Ryan J. C. und Vieira P. (Hgg.) (2017). The language of plants. Science, philosophy, literature. Minneapolis: University of Minnesota Press.

Gazzarin C., Haas T., Hofstetter P. und Höltschi M. (2018). Milchproduktion: Frischgras mit wenig Kraftfutter zahlt sich aus. Agrarforschung Schweiz, 9, 5, S. 148–155.

Gelinsky E. und Lebrecht T. (2020). Neue Superpflanzen gegen den Klimawandel? In: GID, 255, S. 11–13.

GMWatch (2020). Experts debunk false claims that GM Bt cotton in India has been a grand success. gmwatch.org/en/news/latest-news/19502-experts-debunk-false-claims-that-gm-bt-cotton-in-india-has-been-a-grand-success.

Guégan S. und Léger F. (2015). Maraîchage biologique permaculturel et performance économique. Rapport final. Le Bec Hellouin / Paris: La ferme biologique du Bec Hellouin / SADAPT / Institut Sylva.

Gutierrez A.P., Ponti L., Kranthi K.R. et al. (2020). Bio-economics of Indian hybrid Bt cotton and farmer suicides. Environmental Sciences Europe, 32, 1, 139, DOI: 10.1186/s12302-020-00406-6.

Helms A.M., De Moraes C.M., Tröger A. et al. (2017). Identification of an insect-produced olfactory cue that primes plant defenses. Nature Communications, 8, 337.

Herren H.R. (2016). So ernähren wir die Welt. Zürich: rüffer & rub.

Herren H.R., Haerlin B. und IAASTD+10 Advisory Group (Hgg.) (2020). Transformation of our food systems. The making of a paradigm shift. Bochum/Zürich: Zukunftsstiftung Landwirtschaft / Biovision.

Hiltbrunner E. und Körner C. (2018). Hotspot Furka. Biologische Vielfalt im Gebirge. Basel: Alpine Forschungs- und Ausbildungsstation Furka (ALPFOR) / Universität Basel.

Hülsbergen K.-J. und Rahmann G. (Hgg.) (2015). Klimawirkungen und Nachhaltigkeit ökologischer und konventioneller Betriebssysteme – Untersuchungen in einem Netzwerk von Pilotbetrieben. Forschungsergebnisse 2013–2014 (Thünen Report, 29). Braunschweig: Johann Heinrich von Thünen-Institut.

Humann-Guilleminot S., Clément S., Desprat J. et al. (2019). A large-scale survey of house sparrows feathers reveals ubiquitous presence of neonicotinoids in farmlands. Science of the Total Environment, 660, S. 1091–1097.

Imken M. und Haerlin B. (2020). Gene Drives. Die neue Gentechnik zum Umbau der Evolution. In: AgrarBündnis e.V. (Hg.). Der kritische Agrarbericht 2020. Schwerpunkt: Stadt, Land – im Fluss. Hamm: ABL, S. 305–310.

Irigaray L. und Marder M. (2016). Through vegetal being. Two philosophical perspectives. New York: Columbia University Press.

Ivemeyer S., Simantke C., Ebinghaus A. et al. (2018). Herd-level associations between human–animal relationship, management, fecal cortisol metabolites, and udder health of organic dairy cows. Journal of Dairy Science, 101, 8, S. 7361–7374.

Joerss O., Heuser A., Mertineit A. und Schneider S. (2017). Erfolgsstory MASIPAG: Wie Kleinbauern auf den Philippinen die Kontrolle über ihr Saatgut zurückerlangen. Aachen: MISEREOR. blog.misereor.de/2017/06/07/erfolgsstory-masipagwie-kleinbauern-auf-den-philippinen-die-kontrolle-ueber-ihr-saatgut-zurueckerlangen.

Junker R. R., Gershenzon J. und Unsicker S. B. (2011). Floral odor bouquet loses its ant repellent properties after inhibition of terpene biosynthesis. Journal of Chemical Ecology, 37, S. 1323–1331.

Jürgens A., Glück U., Aas G. und Dötterl S. (2014). Diel fragrance pattern correlates with olfactory preferences of diurnal and nocturnal flower visitors in *Salix caprea* (Salicaceae). Botanical Journal of the Linnean Society, 175, 4, S. 624–640.

Karban R. (2015). Plant sensing & communication. Chicago/London: The University of Chicago Press.

Kawall K., Cotter J. und Then C. (2020). Broadening the GMO risk assessment in the EU for genome editing technologies in agriculture. Environmental Sciences Europe, 32, 106, DOI: 10.1186/s12302-020-00361-2.

Khadse A. und Rosset P. M. (2019). Zero Budget Natural Farming in India – from inception to institutionalization. Agroecology and Sustainable Food Systems, 43, 7–8, S. 848–871.

Kipps C. (1956). Clarence der Wunderspatz. Aus dem Englischen von Elisabeth Schnack. Nachwort von Prof. Dr. Adolf Portmann. Zürich: Arche.

Koechlin F. (2008). PflanzenPalaver. Belauschte Geheimnisse der botanischen Welt. Basel: Lenos.

Koechlin F. (2016). Schwatzhafte Tomate, wehrhafter Tabak. Pflanzen neu entdeckt. Basel: Lenos.

Koechlin F. und Battaglia D. (2012). Mozart und die List der Hirse. Natur neu denken. Basel: Lenos.

Koechlin F. und Battaglia D. (2018). Was Erbsen hören und wofür Kühe um die Wette laufen. Verblüffendes aus der Pflanzen- und Tierwelt. Basel: Lenos.

Köhler-Rollefson I. (2021). Pastoralismus. Karges Land und reicher Nutzen. In: Fleischatlas 2021. Daten und Fakten über Tiere als Nahrungsmittel. Berlin: Heinrich-Böll-Stiftung / Bund für Umwelt und Naturschutz Deutschland / Le Monde diplomatique, S. 20f.

Körner C. (2004). Mountain biodiversity, its causes and function. AMBIO, 33, sp13, S. 11–17.

Ledford H. (2020). CRISPR gene editing in human embryos wreaks chromosomal mayhem. Nature, 583, 7814, S. 17f.

Li C., Hoffland E., Kuyper T. W. et al. (2020). Syndromes of production in intercropping impact yield gains. Nature Plants, 6, S. 653–660.

Li Z.-G., Gou H.-Q. und Li R.-Q. (2019). Electrical stimulation boosts seed germination, seedling growth, and thermotolerance improvement in maize (*Zea mays* L.). Plant Signaling & Behavior, 14, 12, DOI: 10.1080/15592324.2019.1681101.

Lindner I. (2014). Benjamin, Blossfeldt und »Das Blumenwunder«. Zur Rezeption eines wiederentdeckten Zeitrafferfilms in der Weimarer Republik. In: dies. (Hg.). gehen blühen fliessen. Naturverhältnisse in der Kunst. Nürnberg: Verlag für moderne Kunst, S. 203–230.

Lopez-Antia A., Ortiz-Santaliestra M. E., Mougeot F. und Mateo R. (2015). Imidacloprid-treated seed ingestion has lethal effect on adult partridges and reduces both breeding investment and offspring immunity. Environmental Research, 136, S. 97–107.

Luo Y., Wang P., Wang X. et al. (2017). Detection of dietetically absorbed maize-derived microRNAs in pigs. Scientific Reports, 7, 645, DOI: 10.1038/s41598-017-00488-y.

Maeder M. (Hg.) (2017). Kunst Wissenschaft Natur. Zur Ästhetik und Epistemologie der künstlerisch-wissenschaftlichen Naturbeobachtung (Edition Kulturwissenschaft, Band 119). Bielefeld: transcript.

Maeder M., Gossner M. M., Keller A. und Neukom M. (2019). Sounding soil: an acoustic, ecological & artistic investigation of soil life. Soundscape, 18, 1, S. 5–14.

Mäntylä E., Klemola T. und Haukioja E. (2004). Attraction of willow warblers to sawfly-damaged mountain birches: novel function of inducible plant defences? Ecology Letters, 7, S. 915–918.

Marder M. (2013). Plant-thinking. A philosophy of vegetal life. New York: Columbia University Press.

Marder M. (2014). The philosopher's plant. An intellectual herbarium. New York: Columbia University Press.

Marder M. (2018). Heidegger. Phenomenology, ecology, politics. Minneapolis: University of Minnesota Press.

McIntyre B. D., Herren H. R., Wakhungu J. und Watson R. T. (2009). International Assessment of Agricultural Knowledge, Science and Technology for Development (IAASTD). Synthesis report. A synthesis of the global and sub-global IAASTD reports (Agriculture at a crossroads). Washington, D. C.: Island Press.

Meiners T. (2016). Ecological role of odour diversity. In: Blande J. D. und Glinwood R. (Hgg.). Deciphering chemical language of plant communication. Cham: Springer, S. 137–151.

Michalke A., Fitzer F., Pieper M. et al. (2019). How much is the dish? – Was kosten uns Lebensmittel wirklich? (15. Wissenschaftstagung Ökologischer Landbau, Kassel). orgprints.org/id/eprint/36212/1/Beitrag_288_final_a.pdf.

Midgley M. (2000). Biotechnology and monstrosity. Why we should pay attention to the "yuk factor". The Hastings Center Report, 30, 5, S. 7–15.

Mooney P. (2020). Update: Corporate multilateralism at the UN. In: Herren H. R., Haerlin B. und IAASTD+10 Advisory Group (Hgg.). Transformation of our food systems. The making of a paradigm shift. Bochum/Zürich: Zukunftsstiftung Landwirtschaft / Biovision, S. 37–39.

Mousavi S. A. R., Chauvin A., Pascaud F. et al. (2013). *GLUTAMATE RECEPTOR-LIKE* genes mediate leaf-to-leaf wound signalling. Nature, 500, S. 422–426.

Muller A., Schader C., El-Hage Scialabba N. et al. (2017). Strategies for feeding the world more sustainably with organic agriculture. Nature Communications, 8, 1290, DOI: 10.1038/s41467-017-01410-w.

Nätt D., Rubin C.-J., Wright D. et al. (2012). Heritable genome-wide variation of gene expression and promoter methylation between wild and domesticated chickens. BMC Genomics, 13, 59, DOI: 10.1186/1471-2164-13-59.

Navdanya und Navdanya International (Hgg.) (2020). Gates Ag One: The Recolonisation of Agriculture. Independent Science News, www.independentsciencenews.org/commentaries/gates-ag-one-the-recolonisation-of-agriculture.

Nemecek T., Huegenin-Elie O., Dubois D. und Gaillard G. (2005). Ökobilanzierung von Anbausystemen im schweizerischen Acker- und Futterbau (Schriftenreihe der FAL, 58). Zürich: Agroscope FAL Reckenholz.

Nepi M., Grasso D. A. und Mancuso S. (2018). Nectar in plant–insect mutualistic relationships: From food reward to partner manipulation. Frontiers in Plant Science, 9, 1063, DOI: 10.3389/fpls.2018.01063.

Norris A. L., Lee S. S., Greenlees K. J. et al. (2020). Template plasmid integration in germline genome-edited cattle. Nature Biotechnology, 38, S. 163f.

Oezkaya B. und Gloor P. A. (2020). Recognizing individuals and their emotions using plants as bio-sensors through electro-static discharge. arXiv: 2005.04591.

Olsson S. und Hansson B. S. (1995). Action potential-like activity found in fungal mycelia is sensitive to stimulation. Naturwissenschaften, 82, S. 30f.

Orrock J. L. (2013). Exposure of unwounded plants to chemical cues associated with herbivores leads to exposure-dependent changes in subsequent herbivore attack. PLoS One, e79900, DOI: 10.1371/journal.pone.0079900.

Pareja M. und Pinto-Zevallos D. M. (2016). Impacts of induction of plant volatiles by individual and multiple stresses across trophic levels. In: Blande J. D. und Glinwood R. (Hgg.). Deciphering chemical language of plant communication. Cham: Springer, S. 61–93.

Parsons K. J., Rigg A., Conith A. J. et al. (2020). Skull morphology diverges between urban and rural populations of red foxes mirroring patterns of domestication and macroevolution. Proceedings of the Royal Society B, 287, 1928, 20200763.

Pashalidou F. G., Lambert H., Peybernes T. et al. (2020). Bumble bees damage plant leaves and accelerate flower production when pollen is scarce. Science, 368, 6493, S. 881–884.

Pelizzon A. und Gagliano M. (2015). The sentience of plants. Animal rights and rights of nature intersecting? Australian Animal Protection Law Journal, 11, S. 5–14.

Piñeyro-Nelson A., van Heerwaarden J., Perales H. R. et al. (2009). Transgenes in Mexican maize: molecular evidence and methodological considerations for GMO detection in landrace populations. Molecular Ecology, 18, 4, S. 750–761.

Pouliot A. (2018). The allure of fungi. Clayton, Vic.: CSIRO Publ.

Probst J. und Spengler Neff A. (2020). Hof- und Weidetötung zur Fleischgewinnung. Stressarmes Töten von Rindern auf dem Landwirtschaftsbetrieb. Frick: Forschungsinstitut für biologischen Landbau (FiBL).

Quist D. und Chapela I. H. (2001). Transgenic DNA introgressed into traditional maize landraces in Oaxaca, Mexico. Nature, 414, S. 541–543.

Rakhmetullina A., Pyrkova A., Aisina D. und Ivashchenko A. (2020). In silico prediction of human genes as potential targets for rice miRNAs. Computational Biology and Chemistry, 87, 107305, DOI: 10.1016/j.compbiolchem.2020.107305.

Ramakumar R. und Arjun S. V. (2019). Stirring up the truth about Zero Budget Natural Farming. The Hindu, 9.10.2019.

Rasmann S., De Vos M., Casteel C. L. et al. (2012). Herbivory in the previous generation primes plants for enhanced insect resistance. Plant Physiology, 158, 2, S. 854–863.

Richardson K. (2019). It's the end of the gene as we know it. Nautilus, 68. nautil.us/issue/68/context/its-the-end-of-the-gene-as-we-know-it.

Riedl I. (2020). Neonicotinoide – unaussprechlich gefährlich. www.nachhaltigkeitneudenken.org/neonicotinoide.

Riedo J., Wettstein F. E., Rösch A. et al. (2021). Widespread occurrence of pesticides in organically managed agricultural soils – the ghost of a conventional agricultural past? Environmental Science & Technology, 55, 5, S. 2919–2928.

Ritter M. und Salathé T. (2020). Der Reiz der Vögel seit 1870. Berlin: Martin Schmitz.

Rockström J., Steffen W., Noone K. et al. (2009). Planetary boundaries: exploring the safe operating space for humanity. Ecology and Society, 14, 2, 32, DOI: 10.5751/ES-03180-140232.

Rosenberger K., Simmler M., Nawroth C. et al. (2020). Goats work for food in a contrafreeloading task. Scientific Reports, 10, 22336, DOI: 10.1038/s41598-020-78931-w.

Roversi A. (2020). Unsere Lebensmittel sind zu billig. Zürich: Biovision. www.biovision.ch/aktuelles/bezahlen-wir-die-wahren-kosten-fuer-unsere-lebensmittel.

Runyon J. B., Mescher M. C. und De Moraes C. M. (2006). Volatile chemical cues guide host location and host selection by parasitic plants. Science, 313, 5795, S. 1964–1967.

de Schaetzen S. (2020). Ökologische Landwirtschaft und die UN-Ziele für nachhaltige Entwicklung. Bio ist Teil der Lösung. Mit Zusatzkapitel für die deutsche Ausgabe: von Koerber K. und Cartsburg M. Potenziale der »Grundsätze für eine Nachhaltige

Ernährung« zur Unterstützung der SDGs. Waddinxveen: Nature & More.

Schmid M. W., Heichinger C., Coman Schmid D. et al. (2018). Contribution of epigenetic variation to adaptation in *Arabidopsis.* Nature Communications, 9, 4446, DOI: 10.1038/s41467-018-06932-5.

Schmieder S. S., Stanley C. E., Rzepiela A. et al. (2019). Bidirectional propagation of signals and nutrients in fungal networks via specialized hyphae. Current Biology, 29, 2, S. 217–228.

Shapiro J. A. (2013). How life changes itself: the Read–Write (RW) genome. Physics of Life Reviews, 10, 3, S. 287–323.

Sheldrake M. (2020). Verwobenes Leben. Wie Pilze unsere Welt formen und unsere Zukunft beeinflussen. Aus dem Englischen von Sebastian Vogel. Berlin: Ullstein.

Shen G., Liu N., Zhang J. et al. (2020). *Cuscuta australis* (dodder) parasite eavesdrops on the host plants' FT signals to flower. PNAS, 117, 37, S. 23125–23130.

Spengler A. (2020). Wiesen, Weiden, Wiederkäuer – Was die Schweizer Berglandwirtschaft für die Umwelt leistet. Frick: Forschungsinstitut für biologischen Landbau (FiBL).

Spengler III R. N. und Mueller N. G. (2019). Grazing animals drove domestication of grain crops. Nature Plants, 5, S. 656–662.

Spengler Neff A. (2018). Biomilchviehzucht im Berggebiet. Die zum Betrieb passende Kuh züchten. Frick: Forschungsinstitut für biologischen Landbau (FiBL).

Spengler Neff A., Hurni B. und Streiff R. (2016). Die Bedeutung der Hörner für die Kuh. Frick: Forschungsinstitut für biologischen Landbau (FiBL).

Spengler Neff A., Schneider C. und Ivemeyer S. (2018). Mutter- und ammengebundene Kälberaufzucht in der Milchviehhaltung. Frick: Forschungsinstitut für biologischen Landbau (FiBL).

Staehelin B. (1993). Völkerschauen im Zoologischen Garten Basel 1879–1935. Basel: Basler Afrika Bibliographien.

Steinbrecher R., Wells M., Brandt R. et al. (2019). Case study 3: Plants in agriculture – Palmer amaranth. In: Dressel H. (Hg.). Gene Drives. A report on their science, applications, social aspects, ethics and regulations. Bern: Critical Scientists Switzerland (CSS), S. 112–120.

Swinburn B. (2020). The agriculture and health nexus: a decade of paradigm progress but patchy policy actions. In: Herren H.R., Haerlin B. und IAASTD+10 Advisory Group (Hgg.). Transformation of our food systems. The making of a paradigm shift. Bochum/Zürich: Zukunftsstiftung Landwirtschaft / Biovision, S. 130–136.

Tamburini G., Bommarco R., Wanger T.C. et al. (2020). Agricultural diversification promotes multiple ecosystem services without compromising yield. Science Advances, 6, 45, eaba1715.

Terry I., Walter G.H., Moore C. et al. (2007). Odor-mediated push-pull pollination in cycads. Science, 318, 5847, S. 70.

Thimmegowda G.G., Mullen S., Sottilare K. et al. (2020). A field-based quantitative analysis of sublethal effects of air pollution on pollinators. PNAS, 117, 34, S. 20653–20661.

Title A.C., Denzler R. und Stoffel M. (2015). Uptake and function studies of maternal milk-derived microRNAs. Journal of Biological Chemistry, 290, 39, S. 23680–23691.

Vágási C.I., Fülöp A., Osváth G. et al. (2021). Social groups with diverse personalities mitigate physiological stress in a songbird. Proceedings of the Royal Society B, 288, 1943, DOI: 10.1098/rspb.2020.3092.

Varoquaux N., Cole B., Gao C. et al. (2019). Transcriptomic analysis of field-droughted sorghum from seedling to maturity reveals biotic and metabolic responses. PNAS, 116, 52, S. 27124–27132.

Veits M., Khait I., Obolski U. et al. (2019). Flowers respond to pollinator sound within minutes by increasing nectar sugar concentration. Ecology Letters, 2019, 22, S. 1483–1492.

Volkov A.G. und Shtessel Y.B. (2018). Electrical signal propagation within and between tomato plants. Bioelectrochemistry, 124, S. 195–205.

Waterland R.A. und Jirtle R.L. (2003). Transposable elements: targets for early nutritional effects on epigenetic gene regulation. Molecular and Cell Biology, 23, 15, S. 5293–5300.

Yang X., Coulombe-Huntington J., Kang S. et al. (2016). Widespread expansion of protein interaction capabilities by alternative splicing. Cell, 164, 4, S. 805–817.

Zhang L., Hou D., Chen X. et al. (2012). Exogenous plant MIR168a specifically targets mammalian LDLRAP1: evidence of crosskingdom regulation by microRNA. Cell Research, 22, S. 107–126.

Zheng X., Chen L., Xia H. et al. (2017). Transgenerational epimutations induced by multi-generation drought imposition mediate rice plant's adaptation to drought condition. Scientific Reports, 7, 39843.

Bildnachweis

S. 14, 66, 69, 72, 84, 91, 98, 103, 179: Esther Petsche; S. 32: Ines Lindner, z. V. g.; S. 33: z. V. g.; S. 34, 35: *Das Blumenwunder;* S. 44: Michael Marder, z. V. g.; S. 151, 153, 155, 156, 157, 162, 163, 166, 169: Alexandra Baumgartner; S. 176: Alex Hagmann; S. 189: Benny Haerlin, z. V. g.
alle anderen Fotos und Illustrationen: Florianne Koechlin

S. 212f.: *a rose is a rose is a rose* (Florianne Koechlin)

Dank

Mein Dank geht an Andreas Erhardt, Roland Frutig, Angelika Hilbeck, Regine Kollek, Vandana Shiva, Beatrix Tappeser und Andreas und Verena Wiemken. Mein ganz besonderer Dank – das möchte ich nochmals betonen – geht an die Journalistin Samanta Siegfried, die mich eng begleitete und die Kapitel VII und XII schrieb.

Florianne Koechlin im Lenos Verlag

Florianne Koechlin, Denise Battaglia
Was Erbsen hören und wofür Kühe um die Wette laufen
Verblüffendes aus der Pflanzen- und Tierwelt
263 Seiten, broschiert
ISBN 978 3 85787 817 6
LP 217

»Wer dieses Buch gelesen hat, sieht die Rinderherde mit anderen Augen.«
Basler Zeitung

Schwatzhafte Tomate, wehrhafter Tabak
Pflanzen neu entdeckt
185 Seiten, broschiert
ISBN 978 3 85787 803 9
LP 203

Ein Buch über die phantastische Welt der Pflanzen, die sich gegenseitig mit Duftstoffen warnen, Nützlinge anlocken und sogar ihr Verhalten koordinieren.

Florianne Koechlin im Lenos Verlag

Jenseits der Blattränder
Eine Annäherung an Pflanzen
235 Seiten, broschiert
ISBN 978 3 85787 776 6
LP 176

Mit Beiträgen von: Daniel Ammann (Chemiker), Denise Battaglia (Journalistin), Gertrud Fassbind (Ernährungsberaterin), Bastiaan Frich (Permakultur-Berater), Thomas Gröbly (Ethiker), Martin Ott (Landwirt), Beat Sitter-Liver (Philosoph), Beatrix Sitter-Liver (Künstlerin), Patrik Tschudin (Wissenschaftsjournalist), Andres Wiemken (Botaniker).

»Ein Muss für alle, die sich für Pflanzen und das grosse Beziehungsnetz der Natur interessieren.«
ökologo

Florianne Koechlin im Lenos Verlag

Florianne Koechlin, Denise Battaglia
Mozart und die List der Hirse
Natur neu denken
222 Seiten, Softcover
ISBN 978 3 85787 460 4

»Zwölf Reportagen schildern die Vernetzung von Pflanzen, Tieren und Umwelt. Ein italienischer Weinbauer berieselt Reben mit Musik von Mozart – und macht reiche Ernte. Eine Forscherin streichelt Kälber während ihrer ersten drei Lebenswochen – sie sind im Schlachthof weniger gestresst als andere Tiere. Die Autorinnen fordern ökologische Landwirtschaftssysteme, welche die Natur nachahmen und nicht ignorieren. Sehr lesenswert.«
saldo

Florianne Koechlin im Lenos Verlag

PflanzenPalaver
Belauschte Geheimnisse der botanischen Welt
237 Seiten, broschiert
ISBN 978 3 85787 785 8
LP 185

»Ein Buch über Denk- und Handlungsalternativen und eine spannende Auseinandersetzung mit der Beziehung Mensch–Pflanze.«
Berliner Zeitung

Sachbücher im Lenos Verlag

Jacques Delamain
Warum die Vögel singen
Aus dem Französischen von Karl Wolfskehl
Herausgegeben und mit einem Vorwort von Raffael Winkler
ca. 200 Seiten, Halbleinen
mit ca. 30 Reproduktionen handkolorierter Kupferstiche von B. F. Leizel
ISBN 978 3 03925 021 9

In poetischer, manchmal barock anmutender Sprache, jedoch immer mit präzisem Blick präsentiert dieses Buch die Welt der Vögel. Dass Literatur und Wissenschaft keine Widersprüche sein müssen, das zeigt uns Jacques Delamain. Ein Text, der mehr als zu unterhalten vermag.

FSC
www.fsc.org
MIX
Papier aus verantwortungsvollen Quellen
FSC® C083411